Q&A
法人登記の実務
水産業協同組合

山中正登 著

日本加除出版

#　は　し　が　き

　本書は、これまで発刊したNPO法人、学校法人、社会福祉法人、医療法人、農事組合法人、農業協同組合、事業協同組合に関係する方々の参考図書として愛されてきた法人登記のシリーズ本の一つです。

　本書は、水産業協同組合法に基づく6つの法人（漁業協同組合、漁業生産組合、漁業協同組合連合会、水産加工業協同組合、水産加工業協同組合連合会及び共済水産業協同組合連合会）について概説をした上で、Q＆A方式により、漁業協同組合における各種の登記申請手続について、登記申請書の作成例を示しながら説明し、分かりやすく解説したものです。

　また、登記申請書の提出先、各種の登記を完了した旨を行政庁に報告するために必要な登記事項証明書を請求する各種方法等についても説明しています。

　ところで、漁業は、ここで述べるまでもなく、農業と並んで、人間の生活の根幹をなすものとして、歴史の深いものです。この歴史を重ねるごとに、漁業に関する環境も発展し、水産業協同組合法も近代国家に沿った改正が幾度か繰り返され、多様化する社会の要請に応える形で現在に至っています。大きな改正として、平成15年1月1日施行の改正法によって、信用事業を行う漁業協同組合等の常勤理事の設置義務が新設され、経営管理委員会制度が導入され、会社と同等の監査手続を全ての漁業協同組合等に義務付けるなどの業務執行体制の強化が図られたほか、信用事業を行う漁業協同組合等の最低出資総額を2,000万円から1億円に引き上げるなどの信用事業の健全な運営が確保されています。また、法律の公布段階ですが、信用事業を行う漁業協同組合等は、行政庁の認可を受けた上で、外国銀行の業務の代理又は媒介を行うことができるとされるなどの国際化に対応した施行が予定されています。

　昨今においては、平成23年の東日本大震災の影響や原油高騰、また、海水温の上昇や黒潮の蛇行による不漁から、操業を中止せざるを得ない漁業関係者が発生しているとの報道を受け、水産業協同組合の方々のため、何らかの手助けになればと考え、執筆をさせていただきました。

　そこで、本書においては、法人登記申請における審査事務の経験を踏ま

え、漁業協同組合に焦点を当て、この設立登記、事業等の変更登記、代表理事の変更登記、優先出資の登記、事務所の移転登記、合併や解散の登記等について、登記申請書、その添付書類等のひな形や図表を多く掲載し、留意事項等を記述しています。

　本書が、司法書士や登記官等の登記実務に携わる方々はもとより、これから水産業協同組合の登記申請をお考えの方々の手引書として、広く活用していただければ幸いです。

　　　平成 25 年 12 月

　　　　　　　　　　　　　　　　　　　　　　山　中　正　登

凡　例

　法令名の表記については、原則として省略を避けたが、括弧内においては以下のような略語を用いた。

　　法　　　……水産業協同組合法（昭和23年法律第242号）

法 施 行 令……水産業協同組合法施行令（平成5年政令第328号）

法施行規則……水産業協同組合法施行規則（平成20年農林水産省令第10号）

優先出資法……協同組織金融機関の優先出資に関する法律（平成5年法律第44号）

優先出資令……協同組織金融機関の優先出資に関する法律施行令（平成5年政令第398号）

整　備　法……会社法の施行に伴う関係法律の整備等に関する法律（平成17年法律第87号）

商　登　法……商業登記法（昭和38年法律第125号）

商 登 規 則……商業登記規則（昭和39年法務省令第23号）

法 登 規 則……各種法人等登記規則（昭和39年法務省令第46号）

　水産業協同組合の各種法人名については、設問において省略を避けたが、その他においては以下のような略語を用いた。

漁 協 組 合……漁業協同組合

生 産 組 合……漁業生産組合

漁 協 連 合……漁業協同組合連合会

加 工 組 合……水産加工業協同組合

加 工 連 合……水産加工業協同組合連合会

共 済 連 合……共済水産業協同組合連合会

水 産 組 合……水産業協同組合

目　次

第1章　総　説 —————————————————————— 1

第1　水産業協同組合の概要 ………………………………………… 1
- Q1　水産業協同組合とは、どのような法人ですか。 ………… 1
- Q2　組合員名簿又は会員名簿の作成及び開示について、説明してください。 ………………………………………… 4

第2　水産業協同組合の役員・機関 ……………………………… 5
- Q3　水産業協同組合法で規定されている組合の役員・機関について、説明してください。 ……………………… 5
- Q4　役員の選任手続について、説明してください。 ………… 8
- Q5　役員の任期は、どれくらいですか。 ……………………… 8
- Q6　代表理事について、説明してください。 ………………… 9
- Q7　総会の招集及び議決の手続について、説明してください。 ……………………………………………………… 10
- Q8　総代会について、説明してください。 ………………… 11
- Q9　総会の議事録の作成等について、説明してください。 ……………………………………………………… 12
- Q10　理事会の招集手続等について、説明してください。 …… 13
- Q11　経営管理委員会について、説明してください。 ………… 14
- Q12　理事会及び経営管理委員会の議事録の作成等について、説明してください。 ……………………………… 15

第2章　行政庁への事務手続 ──────────── 17

- Q13　水産業協同組合法にいう「行政庁」について、説明してください。……………………………………… 17
- Q14　行政庁に対してする「認可の申請」又は「届出」の事項について、説明してください。…………… 17

第3章　登記申請の方法 ──────────── 19

- Q15　水産業協同組合が主たる事務所の所在地においてする登記事項について、教えてください。……………… 19
- Q16　水産業協同組合が従たる事務所の所在地においてする登記事項について、教えてください。……………… 20
- Q17　水産業協同組合が登記をしなければならない場合について、教えてください。………………………… 21
- Q18　登記申請書類の提出先・方法について、教えてください。……………………………………………… 22
- Q19　主たる事務所の所在地においてする登記と従たる事務所の所在地においてする登記の一括申請について、教えてください。………………………………… 25

第4章　設立の登記 ──────────── 29

第1　概　　説 …………………………………………… 29

- Q20　水産業協同組合は、いつ成立するのですか。……… 29
- Q21　水産業協同組合の名称には、どのような制限がありますか。……………………………………………… 29
- Q22　水産業協同組合についても、会社の場合と同様に、同一の所在場所における同一の名称の登記が禁止されているのですか。………………………………… 31

目　　次

　第2　設立の手続 ……………………………………………… 31
　　Q23　水産業協同組合の設立手続について、説明してください。……………………………………………………… 31
　　Q24　水産業協同組合の定款の記載事項には、どのようなものがありますか。……………………………………… 34

　第3　設立の登記 ……………………………………………… 37
　　Q25　漁業協同組合の設立に際してする登記手続について、教えてください。…………………………………… 37
　　Q26　漁業協同組合の設立に際して従たる事務所を設置し、この登記を主たる事務所の所在地を管轄する登記所を経由しないで、従たる事務所の所在地においてする手続について、教えてください。…………… 53
　　Q27　登記した事項の証明書や代表理事の印鑑の証明書の請求・取得方法について、教えてください。……… 56

第5章　事業、出資1口の金額等の変更登記 ── 59

　第1　定款の変更手続 ………………………………………… 59
　　Q28　定款の変更手続について、説明してください。……… 59

　第2　定款の変更に伴う変更の登記 ………………………… 60
　　Q29　事業を変更したときの登記手続について、教えてください。……………………………………………………… 60
　　Q30　名称を変更したときの登記手続について、教えてください。……………………………………………………… 64
　　Q31　地区を変更したときの登記手続について、教えてください。……………………………………………………… 69
　　Q32　公告の方法を変更したときの登記手続について、教えてください。…………………………………………… 72

7

Q33 存立時期を設定・変更・廃止したときの登記手続について、教えてください。………………………………………… 76

Q34 出資1口の金額、出資払込みの方法、出資の総口数及び払込済みの出資の総額の変更手続について、説明してください。……………………………………………………… 80

Q35 出資1口の金額を減少する際に行う公告文及び催告書の書式を示してください。………………………… 82

Q36 出資1口の金額を減少し、払込済出資額の総額が変更されたときの登記手続について、教えてください。……… 84

Q37 出資払込みの方法を変更したときの登記手続について、教えてください。……………………………………… 92

Q38 出資の口数を変更し、出資の総口数及び払込済出資額の総額が変更されたときの登記手続について、教えてください。…………………………………………………… 96

第6章 事務所の移転等の登記 ──────── 99

第1 主たる事務所の移転 ……………………………… 99

Q39 主たる事務所を移転する手続について、説明してください。…………………………………………………… 99

Q40 主たる事務所を移転したときに申請すべき登記所について、教えてください。…………………………… 100

Q41 主たる事務所の所在地を管轄する登記所が移転前と移転後とで同一の登記所の場合における主たる事務所の移転の登記手続について、教えてください。………… 102

Q42 移転した主たる事務所の所在地を管轄する登記所が移転前と異なる登記所の場合における主たる事務所の移転の登記手続について、教えてください。………… 107

目　次

第2　従たる事務所の設置等 …………………………………… 115
- Q43　従たる事務所を設置する手続について、説明してください。 ……………………………………………………………… 115
- Q44　従たる事務所を設置したときの登記手続について、教えてください。 ……………………………………………… 116
- Q45　従たる事務所を移転したときの登記手続について、教えてください。 ……………………………………………… 123
- Q46　従たる事務所を廃止したときの登記手続について、教えてください。 ……………………………………………… 128
- Q47　事務所の地番変更又は住居表示の実施がされたときの登記手続について、教えてください。 ……………… 133

第7章　代表理事の変更・参事の登記 ──────────── 137

第1　代表理事の変更の登記 ………………………………… 137
- Q48　代表理事に変更（重任、辞任、増員）が生じたときの登記手続について、教えてください。 ………………… 137
- Q49　代表理事の氏名又は住所に変更が生じたときの登記手続について、教えてください。 ………………………… 149

第2　参事の登記 ……………………………………………… 152
- Q50　参事を選任したときの登記手続について、教えてください。 ……………………………………………………… 152
- Q51　参事の氏名又は住所に変更が生じたときの登記手続について、教えてください。 ………………………………… 155
- Q52　参事が辞任し又は解任されたときなどの登記手続について、教えてください。 ………………………………… 155

第8章 優先出資の登記 ——————————— 157

第1 優先出資の概要………………………………… 157
- Q53 優先出資について、説明してください。……… 157

第2 優先出資の登記………………………………… 158
- Q54 優先出資の登記事項について、教えてください。……… 158
- Q55 優先出資の総口数の最高限度を変更したときの登記手続について、教えてください。……………… 158
- Q56 優先出資を発行したときの登記手続について、教えてください。………………………………… 161
- Q57 自己の優先出資を取得して優先出資の消却をしたときの登記手続について、教えてください。……… 164
- Q58 資本準備金の額を減少し資本金の額が増加したときの登記手続について、教えてください。……… 171
- Q59 優先出資証券の発行を廃止したときの登記手続について、教えてください。……………………… 173
- Q60 優先出資者名簿管理人を設置又は変更したときの登記手続について、教えてください。…………… 177

第9章 移行の登記 ——————————————— 181

- Q61 非出資組合（連合会）から出資組合（連合会）に移行するときの手続について、説明してください。………… 181
- Q62 非出資組合（連合会）から出資組合（連合会）に移行したときの登記手続について、教えてください。……… 181
- Q63 出資組合（連合会）から非出資組合（連合会）に移行するときの手続について、説明してください。………… 186
- Q64 出資組合（連合会）から非出資組合（連合会）に移行したときの登記手続について、教えてください。……… 186

第10章 合併・権利義務承継の登記 ─── 191

第1 合併の手続・登記 ……………………………… 191
- Q65 漁業協同組合は、他の漁業協同組合と合併することができますか。 …………………………………………… 191
- Q66 合併の手続について、説明してください。 ………… 192
- Q67 新設合併の登記手続について、教えてください。 ……… 198
- Q68 吸収合併の登記手続について、教えてください。 ……… 213

第2 権利義務の承継の手続・登記 ………………… 222
- Q69 権利義務の承継の手続について、説明してください。 ……………………………………………………… 222
- Q70 権利義務の承継の登記手続について、教えてください。 ……………………………………………………… 224

第11章 解散・清算結了の登記 ─── 233

第1 解散及び清算の手続 …………………………… 233
- Q71 水産業協同組合は、どのような事由によって解散するのですか。 …………………………………………… 233
- Q72 清算人の選任手続について、説明してください。 ……… 234
- Q73 清算の手続について、説明してください。 ………… 235

第2 解散及び清算人の登記 ………………………… 236
- Q74 解散及び清算人就任の登記手続について、教えてください。 ……………………………………………… 236
- Q75 清算人を変更したときの登記手続について、教えてください。 ……………………………………………… 244

第3　清算結了の登記 ……………………………………… 249
　Q76　清算結了の登記手続について、教えてください。……… 249

第12章　登記の更正 ────────────── 253
　Q77　登記事項に誤りがある場合の訂正方法について、教えてください。…………………………………………… 253

第1章 総　説

第1　水産業協同組合の概要

水産業協同組合とは、どのような法人ですか。

1　種　類
水産業協同組合法において、水産業協同組合とは次の6つの法人をいうと規定しています（法2条）。
(1)　漁業協同組合
(2)　漁業生産組合
(3)　漁業協同組合連合会
(4)　水産加工業協同組合
(5)　水産加工業協同組合連合会
(6)　共済水産業協同組合連合会

2　目的及び組織体系
(1)　目　的
　水産組合は、漁民及び水産加工業者の協同組織の発達を促進し、もってその経済的社会的地位の向上と水産業の生産力の増進とを図り、国民経済の発展に期するため（法1条）、水産組合の各団体が行う事業によって、その組合員又は会員のために直接の奉仕をすることを目的として（法4条）、設立する法人です（法5条）。

(2)　組織体系
　ア　漁業系
　　漁協組合は、水産資源の管理、水産動植物の増殖等を協同して行うために組織された共同体で、一般的には「漁協」と呼ばれ、近年では国際社会を反映し「JF」（Japan Fisheries Cooperatives）とも呼んでいるようです。この漁協組合の事業を効率的に行うための組織として、都道府県単位及び全国単位による漁協連合が組織され

ています。

　また、生産組合は、漁業という生産面の協同を目的とした労働共同体の組織です。

イ　加工業系

　加工組合は、水産物の加工及び流通等を協同して行うために組織された共同体です。この加工組合の事業を効率的に行うための組織として、都道府県単位及び全国単位による加工連合が組織されています。

ウ　共済系

　共済連合は、水産業協同組合法に基づき、漁協組合、加工組合等の組合員等の生命・財産に関する補償を目的として組織された法人として、全国漁業共済組合連合会があります。

　これら水産業協同組合法に基づく組織の概略は、下の図のとおりです。

　なお、このほか、漁業共済組合及び全国漁業共済組合連合会という組織もあります。

【組織の概要】

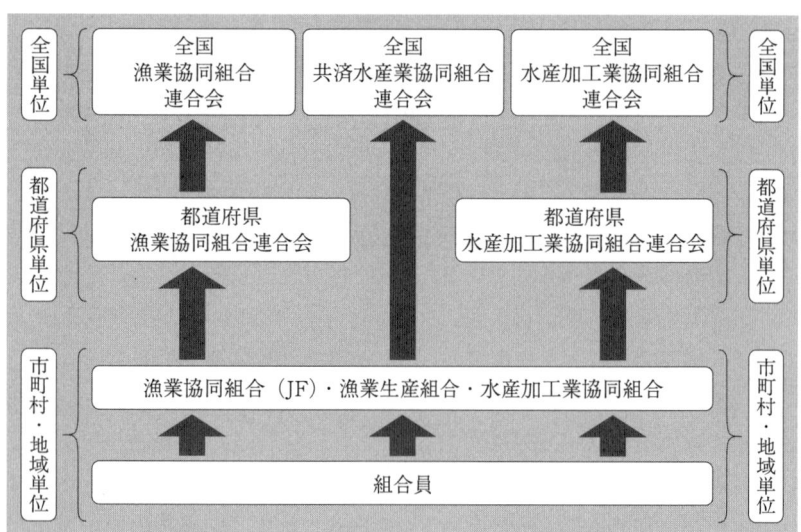

3　主な事業の種類

水産組合が行うことのできる事業は、水産業協同組合法にそれぞれ規定されています。このうち、主な事業は、以下のとおりです。

なお、行うことができる事業の全ての種類は、漁協組合においては同法11条に、生産組合においては同法78条に、漁協連合においては同法87条に、加工組合においては同法93条に、加工連合においては同法97条に、共済連合においては同法100条の2に、それぞれ規定されていますので、同法の各条文を参照してください。

⑴　**漁協組合又は加工組合**
　ア　組合員の事業又は生活に必要な資金の貸付け
　イ　組合員の貯金又は定期積金の受入れ
　ウ　組合員の共済に関する事業
　エ　外国銀行の業務の代理又は媒介（上記イの事業を行う組合に限る。金融商品取引法等の一部を改正する法律（平成25年法律第45号）により追加された事業。未施行）

⑵　**漁協連合又は加工連合**
　ア　漁協連合若しくは加工連合を、直接又は間接に構成する者（以下「所属員」という。）の事業又は生活に必要な資金の貸付け
　イ　所属員の貯金又は定期積金の受入れ
　ウ　外国銀行の業務の代理又は媒介（上記イの事業を行う組合に限る。金融商品取引法等の一部を改正する法律（平成25年法律第45号）により追加された事業。未施行）

⑶　**生産組合**
　生産組合は、漁業及びこれに附帯する事業を行うことができるとされています（法78条）。

⑷　**共済連合**
　共済連合は、①その所属員の共済に関する事業及びこれに附帯する事業、②所属員のために、保険会社その他主務大臣が指定するこれに準ずる者の業務の代理又は事務の代行（法施行規則2条で定めるものに限る。）の事業を行うことができるとされています（法100条の2第1項・2項）。

(5)　非出資組合の事業制限

　　組合員又は会員に出資をさせない漁協組合及び漁協連合は、組合員又は会員の事業若しくは生活に必要な資金の貸付け（上記(1)ア、(2)ア）、組合員又は会員の貯金若しくは定期積金の受入れ（上記(1)イ、(2)イ）の事業を行うことができないとされ、さらに、漁協組合においては、組合員の共済に関する事業（上記(1)ウ）をも行うことができないとされています（法11条2項、87条2項）。

(6)　定款で定めることにより可能な事業

　　漁協組合及び漁協連合並びに加工組合及び加工連合は、定款の定めるところにより、組合員又は所属員以外の者にその事業を利用させることなどができるとされています（法11条8項・10項、87条9項・11項、93条7項・9項、97条7項・9項）。

Q2

組合員名簿又は会員名簿の作成及び開示について、説明してください。

1　組合員名簿又は会員名簿の作成

　水産組合の理事（以下「理事」という。）は、次の事項を記載又は記録した組合員名簿（漁協連合、加工連合及び共済連合においては会員名簿。以下組合員名簿及び会員名簿を「組合員等名簿」という。）を作成しなければならないとされています（法31条の2第1項本文、82条の2第1項、92条2項、96条2項、100条2項、100条の8第2項）。ただし、組合員又は会員に出資をさせない漁協組合及び漁協連合の組合員等名簿には、次のうち、(3)及び(4)については記載又は記録しなくてもよいとされています（法31条の2第1項ただし書、92条2項）。

(1)　氏名又は名称及び住所
(2)　加入の年月日
(3)　出資口数及び出資各口の取得の年月日
(4)　払込済みの出資（回転出資金を除く。）の額及びその払込みの年月日

(5) 上記(1)から(4)までのほか、生産組合の除く水産組合においては組合員又は会員たる資格の別を、生産組合においては組合の営む漁業又はこれに付帯する事業に常時従事する者でないときはその旨

2 組合員等名簿の備置き及び開示

組合員又は会員及び組合又は連合会の債権者は、組合又は連合会の業務時間内であれば、いつでも、理事に対し、理事が主たる事務所に備え置いた組合員等名簿の閲覧又は謄写の請求をすることができ、理事は、正当な理由がないのにこれを拒んではならないとされています（法31条の2第2項・3項、82条の2第2項、92条2項、96条2項、100条2項、108条2項）。

3 定款等の開示

理事は、定款、規約、各種規程を各事務所に備えて置かなければならず、組合員又は会員及び組合又は連合会の債権者は、上記2と同様に、閲覧又は謄本等の請求ができるとされています（法33条の2第1項・2項、86条2項、92条3項、96条3項、100条3項、100条の8第3項）。

第2 水産業協同組合の役員・機関

水産業協同組合法で規定されている組合の役員・機関について、説明してください。

1 役員の定数

(1) 理事及び監事

水産組合は、役員として、5人以上の理事及び2人以上の監事を置かなければならないとされています（法34条1項・2項、86条2項、92条3項、100条3項、100条の8第3項）。さらに、Q1の3(1)イ又は(2)イの「組合員（所属員）の貯金又は定期積金の受入れ」（法11条1項4号、87条1項4号、93条1項2号、97条1項2号）の事業を行う漁協組合、漁協連合、加工組合及び加工連合には、役員として、信用事業を担当する常勤の理事を置かなければならず、このうち1人以上は

当該組合又は連合会を代表する理事でないものでなければならないとされています（法34条3項、92条3項、96条3項、100条3項）。
  (2) **経営管理委員**
　　漁協組合、漁協連合及び共済連合は、定款の定めるところにより、役員として、上記1の役員のほか、経営管理委員を置くことができるとされ、経営管理委員の定数は5人以上であり、理事の定数は、上記(1)の5人以上ではなく、3人以上で足りますが（法34条の2第1項・2項・3項、92条3項、100条の8第3項）、全ての経営管理委員で組織する経営管理委員会を置かなければならないとされています（法38条1項・2項、92条3項、100条の8第3項）。
2 **機　関**
  (1) **理事会**
　　生産組合を除く水産組合は、全ての理事で組織する理事会を置かなければならないとされています（法36条1項・2項、92条3項、96条3項、100条3項、100条の8第3項）。理事会は、組合又は連合会の業務執行を決定し、理事の職務の執行を監督します（法36条3項）。
　　また、上記1(2)の経営管理委員を置く組合又は連合会の理事会が、当該組合等の業務執行を決定し、理事の職務の執行を監督するに当たっては、経営管理委員会が決定するところに従わなければならないとされています（法36条4項、92条3項、100条の8第3項）。
  (2) **参事及び会計主任**
　　水産組合は、理事会の議決又は理事の過半数によって選任する参事及び会計主任を、主たる事務所又は従たる事務所において業務を行わせることができるとされています（法45条1項・2項、86条2項、92条3項、96条2項、100条3項、100条の8第3項）。
　　参事については、会社法における支配人に関する規定が準用され（法45条3項）、組合に代わってその事業に関する一切の裁判上又は裁判外の行為をする権限を有する使用人です（会社法（平成17年法律第86号）11条1項）。
  (3) **総　会**
　　水産組合は、毎事業年度又は毎年に1回招集しなければならない通常総会のほか、必要があるときにいつでも招集することができる臨時

総会があります(法47条の2、47条の3、84条の3、84条の4、92条3項、96条3項、100条3項、100条の8第3項)。

(4) 総代及び総代会

200人を超える組合員を有する漁協組合は、定款の定めるところにより、総会に代わるべき総代会を設けることができるとされ、総代は組合員でなければならず、その定数は組合員の総数の4分の1(組合員の総数が400人を超える組合は100人)以上でなければならないとされています(法52条1項〜3項)。

総代は、定款の定めるところにより、任期は3年以内であり、組合員が総会において選挙しますが、総会外で選挙することも定款に定めることによって可能とされています。しかし、総代会において、総代の選挙をすることはできないとされています(法52条4項・5項・7項、34条4項)。

【役員・機関の概要】

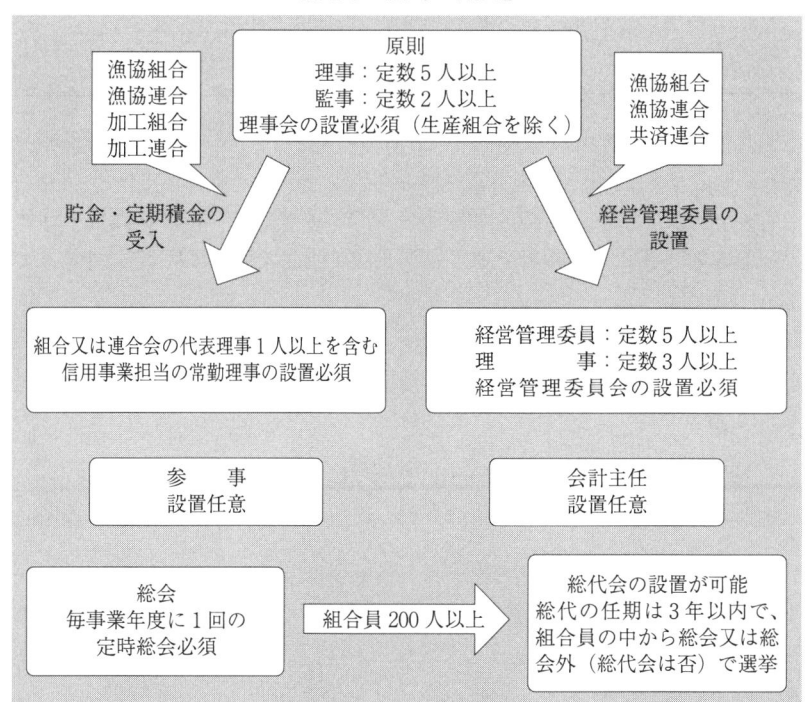

なお、生産組合を除く、漁協連合、加工組合、加工連合及び共済連合においても、漁協組合の総代に関する規定が準用されています（法92条3項、96条3項、100条3項、100条の8第3項）。

以上の役員等の定数、機関設計の概略は、前頁の図のとおりです。

Q4 役員の選任手続について、説明してください。

水産組合の役員は、定款の定めるところにより、組合員又は会員が総会（設立当時の役員は創立総会）において選挙します（法34条4項本文、86条2項、92条3項、96条3項、100条3項、100条の8第3項）。ただし、漁協組合及び加工組合の設立当時の役員を除く役員については、定款に定めるところにより、総会外において選挙することができます（法34条4項ただし書、96条3項）。

これらのほか、水産組合は、定款の定めるところにより、組合員が総会（設立当時の役員は創立総会）において、役員を選任することができます（法34条9項、86条2項、92条3項、96条3項、100条3項、100条の8第3項）。

なお、経営管理委員を置く漁協組合及び漁協連合並びに共済連合の理事は、経営管理委員会が選任します（法34条の2第4項、92条3項、100条の8第3項）。

Q5 役員の任期は、どれくらいですか。

水産組合の役員の任期は、原則として、3年以内において定款で定める期間とされていますが、定款によって任期中の最終の事業年度に関する通常総会の終結の時まで伸長することができるとされています（法35条1項、86条2項、92条3項、96条3項、100条3項、100条の8第3項）。

設立当時の役員の任期は、1年以内の期間で創立総会において定める期間とされていますが、創立総会の議決によって任期中の最終の事業年度に関する通常総会の終結の時まで伸長することができるとされています（法35条2項、86条2項、92条3項、96条3項、100条3項、100条の8第3項）。
　また、合併による設立の場合も、これと同様です。議決機関は、創立総会でなく設立委員が定めることとなります（法35条3項、86条2項、92条3項、96条3項、100条3項、100条の8第3項）。
　なお、定款で定めた役員の員数が欠けた場合には、任期の満了又は辞任により退任した役員は、新たに選任された役員が就任するまで、なお役員としての権利義務を有するとされています（法42条の2、86条2項、92条3項、96条3項、100条3項、100条の8第3項）。

代表理事について、説明してください。

　生産組合を除く水産組合は、理事会（経営管理委員を置く組合の場合は、経営管理委員会）の決議により、理事の中から組合を代表する理事（以下「代表理事」という。）を定めなければならないとされています（法39条の3第1項、92条3項、96条3項、100条3項、100条の8第3項）。なお、生産組合の理事にあっては、全ての業務について生産組合を代表するとされています（法83条の3）。
　代表理事は、これら組合の業務に関する一切の裁判上又は裁判外の行為をする権限を有し、この権限に加えた制限は善意の第三者に対抗することができず、組合は、代表理事がその職務を行うについて第三者に加えた損害を賠償する責任を負い、代表理事以外の理事が代表権を有すると認められる名称を付した場合に当該理事がした行為について善意の第三者に対してその責任を負うとされています（法39条の3第2項、39条の4第2項、92条3項、96条3項、100条3項、100条の8第3項、会社法349条5項、350条、354条）。
　なお、代表理事が欠けた場合又は定款で定めた代表理事の員数が欠けた場合についても、Q5のなお書と同様に、新たに選定された代表理事が就

任するまで、なお代表理事としての権利義務を有するとされています（法42条の2、92条3項、96条3項、100条3項、100条の8第3項）。

総会の招集及び議決の手続について、説明してください。

1 開催の手続

　Q2のとおり、理事は、組合員等名簿を作成し、これを主たる事務所に備えて置かなければならないとされています。総会の招集は、この名簿に基づき行われます。

　総会は、理事（経営管理委員を置く組合の場合は、経営管理委員）等の総会招集者が招集します（法47条の4第1項、86条2項、92条3項、96条3項、100条3項、100条の8第3項）。

　総会の招集通知は、その総会の日の1週間前までに、総会の日時及び場所等を記載又は記録して行わなければならないとされています。なお、生産組合を除く水産組合においては、総会の日時及び場所等を理事会又は経営管理委員会が議決します。総会においては、あらかじめ通知した総会の目的である事項についてのみ議決することができますが、定款に特別の定めがあるときは、それに従うことになります（法47条の5、47条の6、86条2項、92条3項、96条3項、100条3項、100条の8第3項）。

2 議決の手続

　総会の議長は、その総会の都度、選任するとされています（法49条2項、86条2項、92条3項、96条3項、100条3項、100条の8第3項）。

　総会の議事は、定款の変更、組合の解散及び合併等の場合についての水産業協同組合法の規定、定款に特別の定めがある場合を除き、出席者の議決権の過半数で決定し（以下「普通決議」という。）、可否同数のときは議長の決するところによるとされ、この定款の変更等を決するときは、定款で総組合員又は会員数の半数を上回る出席割合を定めた場合を除き、准組合員を除く総組合員又は会員の半数以上が出席し、その議決

第1章 総　説（Q7・Q8）

権の3分の2（これを上回る割合を定款で定めた場合は、その割合）以上の多数による議決（以下「特別議決」という。）を必要とするとされています（法49条1項、50条、86条2項、92条3項、96条3項、100条3項、100条の8第3項）。

　議長は、組合員又は会員として総会の議決に加わることはできないとされています（法49条3項、86条2項、92条3項、96条3項、100条3項、100条の8第3項）。

　組合員（漁協組合又は加工組合の准組合員を除く。）及び会員（漁協連合若しくは加工連合又は共済連合の准会員を除く。）は、各1個の議決権並びに役員及び総代の選挙権を有するとされています（法21条1項、86条1項、89条1項、96条2項、98条の2第1項、100条の6第1項）。

　総会の議決を経なければならない事項は、定款の変更のほか、規約、各種規程、事業計画の設定及び変更等、水産業協同組合法48条1項に規定されていますが、例外として、共済規程のうち関係法令の条項の移動等で実質的な変更を伴わない改正に伴う規定の整理等の軽微な事項に係るものは、定款で総会の議決を経ることを要しないものとすることができるとされています（法48条5項、96条3項、100条の8第3項、法施行規則179条）。

総代会について、説明してください。

　総代会は、総会に代わるべきものですので（Q3の2(4)を参照）、総会の規定が準用されています（法52条6項）。

　ただし、代理人が代理できる人数につき、総会は4人に対し（法21条5項）、総代会は1人であり（法52条6項）、総代会において漁協組合の解散又は合併等について議決をすることはできないとされています（同条7項・8項）。

　総代会において議決した事項について、その日から3か月以内に開催された総会で更に議決することができ、総代会と異なる議決がされた総会の

11

議決が優先されるとされています（法52条9項）。

なお、これら漁協組合の規定は、生産組合を除く、漁協連合、加工組合、加工連合及び共済連合においても準用されています（法92条3項、96条3項、100条3項、100条の8第3項）。

総会の議事録の作成等について、説明してください。

総会の議事の経過やその結果は、その後の登記の申請手続（第3章以下を参照）、総会の効力が争われたとき（法51条、92条3項、96条3項、100条3項、100条の8第3項、会社法830条、831条）などの証拠書類となる重要な書面ですので、明確に記録して作成する必要があります。

1　作成方法及び記載内容

　　漁協組合の総会の議事録は、書面又は電磁的記録により作成しなければならないとされています（法50条の4第1項、法施行規則181条1項）。

　　議事録の記載内容は、次に掲げる事項を内容とするものでなければならないとされています（法施行規則181条2項）。

　　なお、総会の議事録は、理事会及び経営管理委員会の議事録のように、出席役員の署名・押印は義務付けられていません（Q12の1の本文との対比）。

(1)　総会が開催された日時及び場所（法施行規則181条2項1号）
(2)　総会の議事の経過の要領及びその結果（法施行規則181条2項2号）
(3)　次の事項について総会において述べられた意見又は発言があるときは、その意見又は発言の概要（法施行規則181条2項3号）

　　ア　監事の選任若しくは解任又は辞任についての監事の意見又は発言（法施行規則181条2項3号イ、法39条の5第5項、会社法345条1項）

　　イ　監事を辞任した者が、辞任後最初に招集される総会に出席して、辞任した旨及びその理由を述べた内容（法施行規則181条2項3号ロ、法39条の5第5項、会社法345条2項）

　　ウ　監事が、理事又は経営管理委員が総会に提出しようとする議案、書類その他農林水産省令で定めるものを調査して、法令若しくは定

第1章 総　説（Q9・Q10）

　　款に違反し、又は著しく不当な事項があると認めた結果を総会に報告した内容（法施行規則181条2項3号ハ、法39条の5第5項、会社法384条）
　エ　監事が、監事の報酬等について述べた意見（法施行規則181条2項3号ニ、法39条の5第5項、会社法387条3項）
　オ　組合員の貯金又は定期積金の受入れ（法11条1項4号）の事業を行う漁協組合の理事が作成した貸借対照表等（法40条2項）が法令又は定款に適合するかについて全国連合会が監査した意見が監事の意見と異なる場合に、全国連合会が通常総会において述べた意見（法施行規則181条2項3号ホ、法41条の2第7項、会社法398条1項）
　カ　通常総会において全国連合会の出席を求める決議がされ、全国連合会が通常総会で述べた意見（法施行規則181条2項3号ヘ、法41条の2第7項、会社法398条2項）
(4)　総会に出席した役員の氏名（法施行規則181条2項4号）
(5)　総会の議長の氏名（法施行規則181条2項5号）
(6)　議事録を作成した理事の氏名（法施行規則181条2項6号）
2　その他の組合又は連合会
　　漁協組合における上記1の規定は、生産組合、漁協連合、加工組合、加工連合及び共済連合において準用されています（法86条2項、92条3項、96条3項、100条3項、100条の8第3項）。

理事会の招集手続等について、説明してください。

　理事会は、Q3の2(1)のとおり、生産組合を除く水産組合は必ず設置しなければならない機関です。
1　漁協組合
　　漁協組合における理事会の議決は、特別の利害関係を有する理事を除く議決に加わることができる理事の過半数が出席し、その過半数をもって行うとされ、これら過半数の割合については、これを上回る割合を定款で定めることができるとされています（法37条1項・2項）。

13

理事会の議事は、議事録を書面又は電磁的記録をもって作成し、出席した理事及び監事は署名等又はこれに代わる措置をしなければならないとされています（法37条3項・4項）。

　理事会の議決に参加した理事であって議事録に異議をとどめないものは、その議決に賛成したものと推定されます（法37条5項）。

　理事会の招集権者及び招集手続については、以下の会社法の規定が準用されています（法37条6項）。

　理事会は、各理事が招集しますが、招集する理事を定款又は理事会で定めたときはその理事が招集します。招集権者以外の理事がいる場合には、当該理事は、招集権者に対し、理事会の目的である事項を示して、理事会の招集を請求することができ、その請求の日から5日以内に、請求日から2週間以内の日を理事会の日とする招集通知がされない場合は、請求した理事は、理事会を招集することができるとされています（会社法366条）。

　理事会の招集権者は、理事全員の同意があるときを除き、理事会の日の1週間（これを下回る期間を定款で定めた場合は、その期間）前までに、各理事に対して招集通知を発しなければならないとされています（会社法368条1項）。

2　その他の漁協連合等

　漁協組合における上記1の規定は、漁協連合、加工組合、加工連合及び共済連合において準用されています（法92条3項、96条3項、100条3項、100条の8第3項）。

経営管理委員会について、説明してください。

　経営管理委員会は、Q3の1(2)のとおり、経営管理委員を置いた漁協組合、漁協連合及び共済連合は、必ず設置しなければならない機関です。

1　漁協組合

　経営管理委員会は、組合の業務の基本方針の決定、重要な財産の取得及び処分その他の定款で定める組合の業務執行に関する重要事項を決定

するとされています（法38条3項）。

　経営管理委員会は、理事を同会議に出席させて必要な説明を求めることができるとされています（法38条4項）。

　理事会は、必要があるときは経営管理委員会を招集することができ（法38条5項）、この場合の招集手続については、会社法の規定が準用され（同条6項）、その開催通知は、同委員会の日の1週間（これを下回る期間を定款で定めた場合は、その期間）前までに、各経営管理委員に対して発しなければならないとされています（会社法368条1項）。

　経営管理委員会は、理事が、法令、法令に基づいてする行政庁の処分、定款等及び総会の議決を遵守し、組合のために忠実にその職務を遂行しなければならないとの規定（法39条の2第1項）に違反した場合には、当該理事の解任を総会に請求することができ（法38条7項）、総会の日から7日前までに当該理事に解任理由を書面で送付し、かつ、総会で弁明の機会を与えた上で（同条8項）、総会において出席者の過半数の同意があったときは、当該理事は、その時にその職を失うとされています（同条9項）。

2　その他の漁協連合等

　漁協組合における上記1の規定は、漁協連合及び共済連合において準用されています（法92条3項、100条の8第3項）。

Q12 理事会及び経営管理委員会の議事録の作成等について、説明してください。

　理事会及び経営管理委員会の議事の経過やその結果は、総会の議事等（Q9を参照）と同様に、その後の登記の申請手続（第3章以下を参照）等に必要な重要書面ですので、明確に記録して作成する必要があります。

1　作成方法及び記載内容

　漁協組合の理事会の議事については、次に掲げる事項を記載又は記録した議事録を作成し、出席した理事及び監事がこれに署名若しくは記名押印、又は電磁的記録をもって議事録が作成されている場合はこれに代

わる措置を執らなければならないとされています(法37条3項・4項、38条10項)。

　なお、経営管理委員会の議事については、次に掲げる事項が準用されています(法施行規則95条3項)。
(1)　理事会が開催された日時及び場所(法施行規則95条2項1号)
(2)　理事会が次に掲げるいずれかに該当するときは、その旨(法施行規則95条2項2号)
　　ア　理事の請求を受けて招集されたもの(同号イ)
　　イ　理事が招集したもの(同号ロ)
　　ウ　監事の請求を受けて招集されたもの(同号ハ)
　　エ　監事が招集したもの(同号ニ)
(3)　理事会の議事の経過の要領及び結果(法施行規則95条2項3号)
(4)　議決を要する事項について特別の利害関係を有する理事があるときは、当該理事の氏名(法施行規則95条2項4号)
(5)　理事会において述べられた意見又は発言があるときは、その意見又は発言の内容の概要(法施行規則95条2項5号)
(6)　理事会に出席した理事、経営管理委員及び監事の氏名(法施行規則95条2項6号)
(7)　理事会の議長が存するときは、議長の氏名(法施行規則95条2項7号)

2　その他の組合又は連合会

　漁協組合における上記1の理事会の議事録に関する規定(法37条)は、漁協連合、加工組合、加工連合及び共済連合において準用されています(法92条3項、96条3項、100条3項、100条の8第3項)。

　また、漁協組合における上記1の経営管理委員会の議事録に関する規定(法38条)は、漁協連合及び共済連合において準用されています(法92条3項、100条の8第3項)。

第2章
行政庁への事務手続

Q13

水産業協同組合法にいう「行政庁」について、説明してください。

　水産業協同組合法にいう「行政庁」とは、都道府県の区域を超える区域を地区とする漁協組合・加工組合及び都道府県の区域を地区とする漁協連合・加工連合・共済連合については主務大臣として農林水産大臣であり、その他の水産組合については主たる事務所を管轄する都道府県知事とされています（法127条1項・2項）。

　行政庁は、水産組合が、法令、法令に基づいてする行政庁の処分、定款、その他各種規程を遵守しているかを調査するために当該水産組合等に報告を求めたり（法122条1項・2項）、業務又は会計の状況を検査したり（法123条）、場合によっては改善措置を命じたり（法124条1項）、水産組合の解散を命じたりすることができるとされています（法124条の2）。

Q14

行政庁に対してする「認可の申請」又は「届出」の事項について、説明してください。

　水産組合が、行政庁に対して、認可の申請又は届出をしなければならない事項のうち、本問においては、水産業協同組合法に規定されているもので、登記手続に関係が深い事項及び根拠条項を掲げることとします。

1　**認可申請をしなければならない事項**
　(1)　水産組合の設立の認可申請（法63条1項、86条3項、92条4項、96条4項、100条4項、100条の8第4項）
　(2)　水産組合の定款変更（下記2(1)のものを除く）の認可申請（法48

条2項、86条2項、92条3項、96条3項、100条3項、100条の8第4項)
(3) 漁協組合の合併の認可申請（法69条2項）
(4) 漁協連合の権利義務の承継の認可申請（法91条の2第2項、69条2項）
(5) 水産組合の解散の決議の認可申請（法68条2項、86条4項、91条2項、96条5項、100条5項、100条の8第5項）

2 **届出をしなければならない事項**
(1) 水産組合の軽微な定款変更（法施行規則178条に定める軽微な事項に係るもの）の届出（法48条4項、86条2項、92条3項、96条3項、100条3項、100条の8第5項）
(2) 漁協組合の組合員が20人（業種別組合にあっては15人）未満になったことによる解散の届出（法68条5項）

第3章
登記申請の方法

Q15

水産業協同組合が主たる事務所の所在地においてする登記事項について、教えてください。

　水産組合が最初に登記するものは「設立の登記」ですので、基本的な登記事項は、設立の登記における登記事項となります。
　設立の登記においては、次の事項を登記しなければなりません（法101条2項本文）。ただし、生産組合の設立登記には、地区を掲げなくてもよいとされています（同項ただし書）。
　登記事項証明書（Q 27を参照）に記載される順序に従って、以下に説明します。

1　**名称**（法101条2項2号）
2　**事務所の所在場所**（法101条2項4号）
　　Q 24の1(1)エの定款に定めなければならない事務所の「所在地」としての最小行政単位（市区町村）ではなく、住居表示番号（○丁目○番○号）又は地番（○番地○）までの「所在場所」であることに留意する必要があります。
3　**事業**（法101条2項1号）
4　**代表権を有する者の氏名、住所及び資格**（法101条2項7号）
　　代表権を有する者である代表理事の氏名につき、例えば、登記申請書に添付した議事録、印鑑証明書等の記載が「髙橋」（はしご髙）であるが、申請人の考えにより登記申請書に「高橋」と記載されているときは、申請の意思表示としての登記申請書に記載された文字によって登記するのが基本です。
　　また、代表理事の住所につき、登記申請書に添付した印鑑証明書の記載が「…○番○号△△マンション○棟○号室」であるが、申請人の考えにより登記申請書に「…○番○号」としてマンション名が記載されてい

ないときは、申請の意思表示としての登記申請書の記載によりマンション名を登記しないのが基本です。

いずれにせよ、申請人の考えを明確に登記官に伝える方法として、登記申請書にメモ書きを添えることをお勧めします。

5 **公告の方法**（法101条2項8号）

公告の方法が電子公告であるときは、次の事項を登記します。

(1) インターネットでその提供を受けることができる事項（いわゆるURL。法101条2項9号イ、会社法911条3項29号イ、会社法施行規則（平成18年法務省令第12号）220条1項2号）

(2) 事故その他やむを得ない事由によって電子公告による公告ができない場合の公告方法として、官報に掲載する方法又は時事に関する事項を掲載する日刊新聞紙に掲載する方法のいずれか（法101条2項9号ロ、121条3項・2項1号・2号）

6 **出資組合にあっては、①出資1口の金額、②出資払込みの方法、③出資の総口数、④払込済出資額の総額**（法101条2項5号）

7 **地区**（法101条2項3号）

8 **存立の時期を定めたときは、その時期**（法101条2項6号）

Q16

水産業協同組合が従たる事務所の所在地においてする登記事項について、教えてください。

水産組合の従たる事務所の所在地における登記事項は、①名称、②主たる事務所の所在場所、③従たる事務所の所在場所の3つのみです（法110条2項各号）。所在地と所在場所との違いは、Q15の2を参照してください。

したがって、例えば、名称を変更した場合は主たる事務所及び従たる事務所の所在地における登記をしなければなりません（この場合の登記申請の方法については、Q19を参照）。他方、代表権を有する者の氏名・住所、公告の方法等は、従たる事務所の所在地における登記事項ではありませんので、これらを変更したとしても、主たる事務所の所在地においての

み登記をすれば足ります。

Q17
水産業協同組合が登記をしなければならない場合について、教えてください。

　水産組合が登記をしなければならない場合とは、次の場合があります。
1　設立した場合（法101条1項。第4章を参照）
2　設立の登記に基づく登記事項に変更があった場合（法102条各項。第5章以下を参照）

　なお、登記した水産組合（生産組合を除く。以下本問において同じ。）の代表理事又は生産組合の理事が任期（Q5を参照）の満了時において、引き続き同一人が代表理事又は理事に選任（再任・重任）された場合であっても、登記事項の変更に該当し、登記をしなければなりません。
3　新たに登記すべき事項が発生した場合（法104条から112条まで）

　設立した際に登記した事項以外に、水産組合が解散をしたときなどの新たに登記すべき事項が発生した場合には、その登記をしなければなりません。

　以上の登記をすべき事項は、登記の後でなければ、第三者に対抗することができません（法9条）。

　なお、水産組合の設立の無効の訴えに係る請求を認容する判決が確定した場合等においては、裁判所書記官から当該登記の嘱託がされます（法114条各項、会社法937条1項・3項・4項）。

Q18 登記申請書類の提出先・方法について、教えてください。

1 登記申請書類の提出先

　水産組合の登記については、その事務所の所在地を管轄する法務局若しくは地方法務局若しくはこれらの支局又はこれらの出張所が管轄登記所となります（法113条1項）。

　なお、多くの法務局及び地方法務局においては、会社や法人の登記に係る管轄を法務局若しくは地方法務局（いわゆる本局）に集中させていますので、登記申請書及びその添付書類（以下「登記申請書類」という。）の提出先について、ご留意願います。これらの法務局又は地方法務局が管轄する区域については、法務局のホームページ（URL：http://houmukyoku.moj.go.jp/homu/static）の「各局ページ」にある該当法務局又は地方法務局の中の「管轄・取扱事務一覧」を検索して、調べることができます。

2 登記申請書類の提出方法

　登記の申請は、当事者又はその代理人が、①登記所に持参して登記申請書類を提出する方法、②郵送により登記申請書類を提出する方法、③インターネットを利用したオンラインによって登記申請情報を送信する方法があります（法120条、商登法17条、行政手続等における情報通信の技術の利用に関する法律（平成14年法律第151号）3条、法登規則5条、商登規則101条）。

　この②の郵送申請の詳細は法務省のホームページ「商業・法人登記の郵送申請について」（URL：http://www.moj.go.jp/MINJI/MINJI90/minji90.html）を、③のオンライン申請の詳細は同ホームページ「商業・法人登記のオンライン申請について」（URL：http://www.moj.go.jp/MINJI/minji60.html）を、それぞれご覧ください。

3 登記事項の提出方法

　上記1の管轄登記所に対し上記2の方法で提出する登記申請書にQ15又はQ16の登記事項を直接記載するなどにより提出する方法があり

第3章　登記申請の方法（Q18）

ますが、その提出方法は、次のとおりです。
(1) **インターネットを利用したオンライン申請の方法**
　　上記2③のインターネットを利用したオンラインによる登記申請は、法務省のホームページ「登記・供託オンライン申請システム」（URL：http://www.touki-kyoutaku-net.moj.go.jp/）から無料でダウンロードした「申請用総合ソフト」を利用することができます。
　　この方法により申請する場合は、登記申請書に記載すべき事項に係る情報に申請人又は代理人が電子署名を付し、添付書面に代わるべき情報に作成者の電子署名が付されたものとともに、登記・供託オンライン申請システムを経由して、登記所に送信します（法登規則5条、商登規則101条以下）。
　　なお、登記所に提出する全ての書類が電磁（電子データ）化されていなくとも、申請用ソフトを利用して作成した申請書情報を送信し、その後、電磁化されていない書類を、上記2①と同様に登記所に持参して提出するか、上記2②と同様に郵送により提出することも認められています（法登規則5条、商登規則102条2項ただし書）。
(2) **オンライン申請システムにより登記事項のみを提出する方法**
　　上記(1)の「登記・供託オンライン申請システム」を利用して、登記すべき事項（登記事項）のみをあらかじめオンラインで登記所に送信して提出する方法があります。
　　この方法は、「申請用総合ソフト」を用いることにより、登記申請書を簡単に作成することができるほか、CD等の磁気ディスクを用意する必要がないためその購入経費が不要で、オンラインによって受付番号・補正・手続終了等のお知らせを受けることができます。さらに、登記事項提出書の送信において、電子署名を行うことを要せず、その電子署名に係る電子証明書を併せて送信することも必要ありません。
　　詳細は、法務省のホームページ「登記・供託オンライン申請システムによる登記事項の提出について」（URL：http://www.moj.go.jp/MINJI/minji06_00051.html）をご覧ください。
(3) **磁気ディスクに記録して提出する方法**
　　書面による申請の場合であっても、登記申請書の記載事項のうち、

登記事項については、登記申請書への記載に代えて、磁気ディスク（法務省令で定める電磁的記録に限る。）であるCD-R又はFD（フロッピーディスク）に登記事項を記録し、これを登記所に提出することができます。この場合には、登記事項を登記申請書に記載する必要はなく（法120条、商登法17条4項）、登記申請書の登記すべき事項欄に「別添CD-R（FD）のとおり」と記載します。

詳細は、法務省のホームページ「商業・法人登記申請における登記すべき事項を記録した磁気ディスクの提出について」（URL：http://www.moj.go.jp/MINJI/MINJI50/minji50.html）をご覧ください。

なお、USBメモリによる提出は、現在のところ認められていません。

(4) OCR用紙に記載して提出する方法

登記申請書の別紙として、OCR用紙に登記事項を記載することができます。この場合には、登記事項を登記申請書に記載する必要はなく、登記申請書の登記すべき事項欄に「別添OCR用紙記載のとおり」と記載します。

OCR用紙は、各登記所にありますが（無料）、一般的なコピー用紙であっても差し支えありません。

なお、OCR用紙又はコピー用紙のどちらの場合であっても、用紙の右下に登記申請書に押印した申請人又は代理人の印鑑を2箇所押印します。

(5) 登記申請書に記載して提出する方法

登記事項を、登記申請書の登記すべき事項欄に直接記載します。

Q19

主たる事務所の所在地においてする登記と従たる事務所の所在地においてする登記の一括申請について、教えてください。

1　主たる事務所の所在地と従たる事務所の所在地においてする登記の一括申請

　水産組合の従たる事務所の所在地における登記は（Q16を参照）、主たる事務所の所在地における登記事項（Q15を参照）と同じ登記事項があり、従たる事務所を設置している水産組合が、例えば、主たる事務所を移転した場合、この登記を主たる事務所及び従たる事務所の双方の所在地において、それぞれする必要があります（各事例は、下記2を参照）。この場合、従たる事務所の所在地においてする登記の申請を同事務所の所在地を管轄する登記所にするのではなく、主たる事務所の所在地を管轄する登記所を経由してすることができます（以下「主従一括申請」という。法120条、商登法49条1項）。

　主従一括申請の場合、従たる事務所の所在地においてする登記の申請と主たる事務所の所在地においてする登記の申請とは、一つの書面で同時に申請しなければなりません（法120条、商登法49条3項、法登規則5条、商登規則63条1項）。主従一括申請の場合には、1件につき300円（登記手数料令（昭和24年政令第140号）12条。平成25年12月1日現在。手数料の額は随時改正されますので、最寄りの登記所にお尋ねください。以下同じ。）の収入印紙で手数料を納付します（法120条、商登法49条5項）。したがって、従たる事務所を複数設置していて、かつ、当該従たる事務所の所在地を管轄する登記所がそれぞれ異なるときは、1庁当たり300円にその庁数を乗じた（300円×庁数＝）金額を納付します。なお、現在、登記印紙は販売されていませんが、当分の間、登記印紙による納付も可能です。また、収入印紙と登記印紙の併用による納付も可能です。これらの印紙は、未使用の（消印、割印等をしていない）ものを登記申請書と契印した別紙（印紙貼付台紙）又は登記申請書の余白部分に貼付します（法登規則5条、商登規則63条3項）。

このように主従一括申請は、手数料の納付が必要ですが、従たる事務所の所在地においてする登記を、主たる事務所の所在地においてする登記とは別途に申請する場合は、この申請の添付書面として主たる事務所の所在地においてした登記を証する書面として登記事項証明書を添付しなければなりませんので、この取得のための手数料（少なくとも1通480円（平成25年12月1日現在）。Q27の2を参照）を要します。

主従一括申請による従たる事務所の所在地においてする登記の申請には、添付書面に関する規定が適用されませんので、何らの書面の添付を要しません（法120条、商登法49条4項）。

主従一括申請による登記申請書の従たる事務所の記載は、その所在地を管轄する登記所ごとに整理して記載しなければなりません（法登規則5条、商登規則63条2項）。

なお、主従一括申請における具体的な登記申請書の記載内容については、第4章以下の該当箇所で説明します。

以上の手続は、下の図のとおりです。

【主従一括申請】

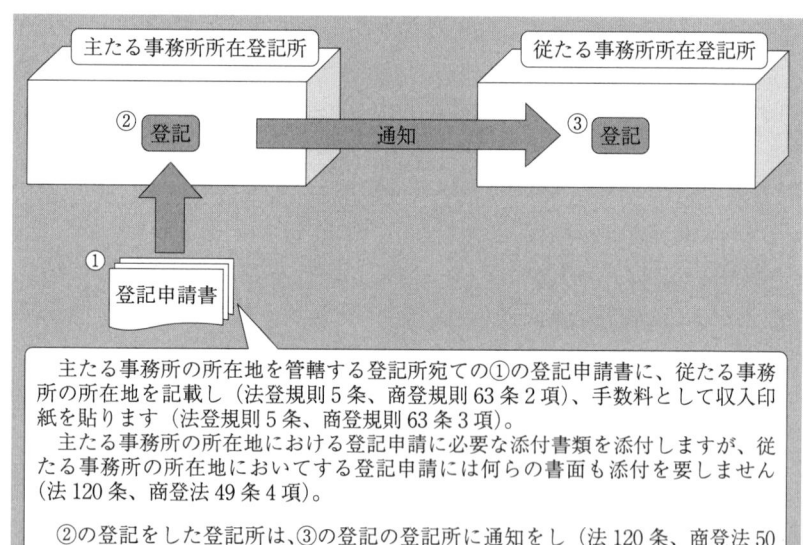

主たる事務所の所在地を管轄する登記所宛ての①の登記申請書に、従たる事務所の所在地を記載し（法登規則5条、商登規則63条2項）、手数料として収入印紙を貼ります（法登規則5条、商登規則63条3項）。
主たる事務所の所在地における登記申請に必要な添付書類を添付しますが、従たる事務所の所在地においてする登記申請には何らの書面も添付を要しません（法120条、商登法49条4項）。

②の登記をした登記所は、③の登記の登記所に通知をし（法120条、商登法50条2項）、③の登記所は③の登記の申請書を受け取ったものとみなし、所要の手続をします（法120条、商登法50条4項）。

2　主従一括申請ができる登記

主従一括申請ができる主な登記には、次のものがあります。

(1)　設立の登記

水産組合の設立に際して従たる事務所を設けた場合、主たる事務所の所在地を管轄するＡ登記所を経由して、従たる事務所の所在地を管轄するＢ登記所においてする設立の登記も主従一括申請をすることができます。具体的な登記申請書の作成例は、Ｑ25の①を参照してください。

(2)　名称の変更の登記

主たる事務所の所在地を管轄するＡ登記所に名称の変更の登記を申請する場合に、他のＢ登記所の管轄区域内に従たる事務所が登記されているときは、Ａ登記所を経由して、従たる事務所の所在地を管轄するＢ登記所においてする名称の変更の登記も主従一括申請をすることができます。具体的な登記申請書の作成例は、Ｑ30の①を参照してください。

(3)　主たる事務所の移転の登記

従たる事務所を設置している水産組合のうち、主たる事務所を登記しているＡ登記所の管轄区域外であるＢ登記所の管轄区域内に移転した場合であって、従たる事務所の所在地がＣ登記所に登記されているときは、主たる事務所の旧所在地（Ａ登記所）及び新所在地（Ｂ登記所）のほか、従たる事務所の所在地（Ｃ登記所）においても、主たる事務所の移転登記をしなければなりません（法110条3項）。

この場合に、旧所在地における登記申請書（Ａ登記所分）と新所在地における登記申請書（Ｂ登記所分）とを、旧所在地を管轄するＡ登記所を経由して同時に提出しなければなりませんが（法120条、商登法51条1項・2項）、これと併せて、従たる事務所においてする主たる事務所の移転の登記（Ｃ登記所分）も、Ａ登記所経由で主従一括申請をすることができます。具体的な登記申請書の書式例は、Ｑ41の①を参照してください。

(4)　従たる事務所の設置の登記

水産組合の成立後に、主たる事務所を登記しているＡ登記所の管轄区域外のＢ登記所の管轄区域内に従たる事務所を設けた場合、Ａ登記

所を経由して、従たる事務所の所在地を管轄するＢ登記所においてする従たる事務所の設置の登記も主従一括申請をすることができます。具体的な登記申請書の作成例は、Ｑ44の①を参照してください。

(5) **従たる事務所の移転の登記**

　　従たる事務所を移転したときは、移転後の従たる事務所の所在地を管轄する登記所においても、その登記をする必要があります。この場合に、その従たる事務所の所在地が、主たる事務所の所在地を管轄するＡ登記所の管轄区域外のＢ登記所の管轄区域内にあるときは、Ａ登記所を経由して、従たる事務所の所在地を管轄するＢ登記所においてする従たる事務所の移転の登記も主従一括申請をすることができます。具体的な登記申請書の作成例は、Ｑ45の①を参照してください。

(6) **従たる事務所の廃止の登記**

　　従たる事務所が、主たる事務所の所在地を管轄するＡ登記所の管轄区域外のＢ登記所の管轄区域内にあるときは、Ａ登記所を経由して、従たる事務所の所在地を管轄するＢ登記所においてする従たる事務所の廃止の登記も主従一括申請をすることができます。具体的な登記申請書の作成例は、Ｑ46の①を参照してください。

(7) **清算結了の登記**

　　従たる事務所が、主たる事務所の所在地を管轄するＡ登記所の管轄区域外のＢ登記所の管轄区域内にあるときは、Ａ登記所を経由して、従たる事務所の所在地を管轄するＢ登記所においてする清算結了の登記も主従一括申請をすることができます。具体的な登記申請書の作成例は、Ｑ76の①を参照してください。

第4章　設立の登記

第1　概　説

Q20
水産業協同組合は、いつ成立するのですか。

　水産組合を設立するには、水産業協同組合法に規定する発起人が、定款及び事業計画を行政庁に提出し設立の認可を受けるなどの水産業協同組合法に規定する所定の手続を経て（Q23を参照）、その主たる事務所の所在地において設立の登記をすることによって、法人格を取得し（法5条）、成立します（法67条、86条3項、92条4項、96条4項、100条4項、100条の8第4項）。

　なお、水産組合が上記の設立の認可があった日から90日を経過しても設立の登記をしないときは、行政庁は当該認可を取り消すことができるとされていますので（法66条の2、86条3項、92条4項、96条4項、100条4項、100条の8第4項）、留意する必要があります。

Q21
水産業協同組合の名称には、どのような制限がありますか。

1　名称の制限

　水産組合は、その名称中に、漁業協同組合、漁業生産組合、漁業協同組合連合会、水産加工業協同組合、水産加工業協同組合連合会又は共済水産業協同組合連合会という文字を用いなければならないとされています（法3条1項）。

　また、水産組合でない者は、その名称中に、漁業協同組合、漁業生産組合、漁業協同組合連合会、水産加工業協同組合、水産加工業協同組合

連合会又は共済水産業協同組合連合会という文字を用いてはならないとされ（法3条2項）、仮に、これら水産組合でない者が、その名称中に、漁業協同組合、漁業協同組合連合会等という文字を用いた場合は、10万円以下の過料に処するとされています（法131条1号）。

これらの規律は、Q1のとおり、水産組合は、漁民及び水産加工業者の協同組織の発達を促進し、もってその経済的社会的地位の向上と水産業の生産力の増進とを図り、国民経済の発展に期するために行う事業によって、その組合員及び会員のために直接の奉仕をすることを目的とする法人として設立するものですので（法1条、4条、5条）、その自覚と責任をもって事業を行わなければならず、他方、水産組合でない者が、あたかも水産組合であるかのように相手方に誤認させる名称を使用することを許容したのでは、取引の安全が保たれないとの趣旨からであると考えます。

2 登記上、名称に使用可能な文字

登記上、使用可能な文字として、日本文字のほか、次のものがあります。その他の文字は使用できません。

(1) ローマ字（AからZまでの大文字及び小文字）

　　ローマ字を用いて複数の単語を表記する場合、単語と単語の間に空白（スペース）を利用することができます。

　　なお、水産組合が、会社の略称である「Ltd、○○」等を使用することはできません。

(2) アラビヤ数字（0123456789）
(3) 「&」（アンパサンド）
(4) 「'」（アポストロフィー）
(5) 「,」（コンマ）
(6) 「－」（ハイフン）
(7) 「.」（ピリオド）
(8) 「・」（なかてん）
(9) 「ー」（長音記号（長音符））

上記(3)から(8)までの記号は、字間を区切る際の符号として使用する場合に限り使用できます。したがって、水産組合の種類を表す部分を除いた先頭又は末尾に使用することはできません。ただし、ピリオドについ

ては、末尾に使用することができます。

　長音記号は、平仮名、カタカナの場合のみに使用可能です。

　なお、「（　）」（括弧）は、使用することができません。

　詳しくは、法務省のホームページ「商号にローマ字等を用いることについて」（URL：http://www.moj.go.jp/MINJI/minji44.html）をご覧ください。

Q22

水産業協同組合についても、会社の場合と同様に、同一の所在場所における同一の名称の登記が禁止されているのですか。

　水産組合についても、登記しようとする名称が、他の水産組合が既に登記している名称と同一であり、かつ、登記しようとする水産組合の主たる事務所の所在場所が、既に登記されている他の水産組合の主たる事務所の所在場所と同一であるときは、その名称での登記はできません（法120条、商登法27条）。仮に、このような登記申請がされた場合には、申請の却下事由に該当します（法120条、商登法24条13号）。

　なお、同一名称とは、音と表記が完全に同一である場合を指し、例えば、「ABC」「abc」「エービーシー」「えいびいしい」等は、同一名称とは解されていません。

第2　設立の手続

Q23

水産業協同組合の設立手続について、説明してください。

　水産組合の設立手続の流れは、次頁の【設立の流れ】の図のとおりです。

【設立の流れ】

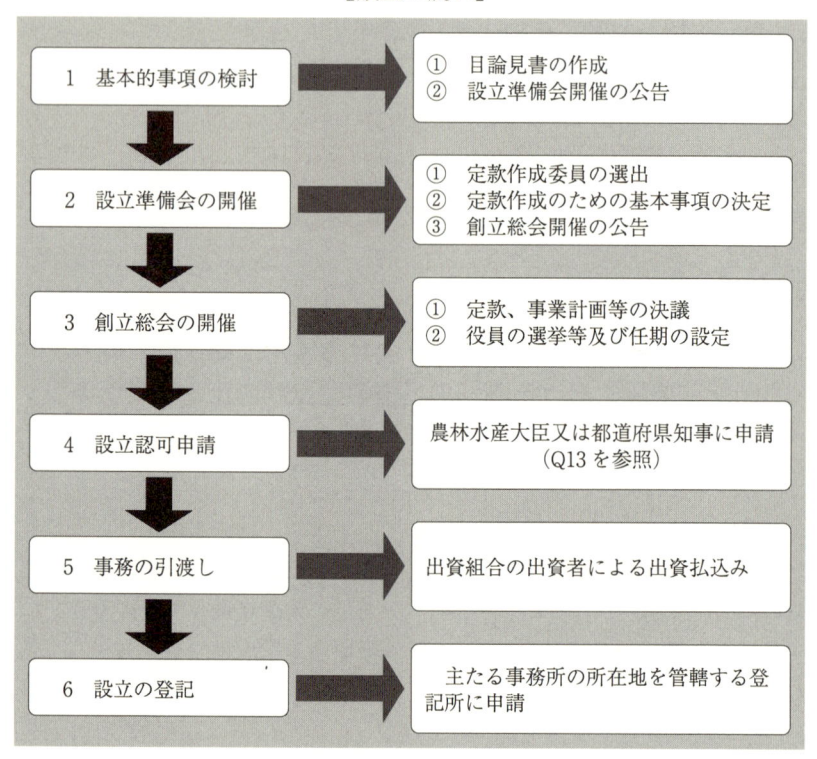

1 基本的事項の検討	→	① 目論見書の作成 ② 設立準備会開催の公告
2 設立準備会の開催	→	① 定款作成委員の選出 ② 定款作成のための基本事項の決定 ③ 創立総会開催の公告
3 創立総会の開催	→	① 定款、事業計画等の決議 ② 役員の選挙等及び任期の設定
4 設立認可申請	→	農林水産大臣又は都道府県知事に申請（Q13を参照）
5 事務の引渡し	→	出資組合の出資者による出資払込み
6 設立の登記	→	主たる事務所の所在地を管轄する登記所に申請

1　基本的事項の検討

　水産組合の設立に当たって、漁協組合は20人（業種別漁協組合は15人）以上（法59条）、生産組合は7人以上（法86条3項）、加工組合は15人以上（法96条4項）の組合員となろうとする者が、漁協連合及び加工連合並びに共済連合は2以上（法90条、99条、100条の7）の当該水産組合が、発起人となることを必要とするとされています。

　発起人は、あらかじめ当該水産組合の事業及び地区並びに組合員たる資格に関する「目論見書」を作成し、これを設立準備会の日時及び場所とともに、設立準備会を開催する日の2週間以上前までに公告し、設立準備会を開催しなければならないとされています（法60条、86条3項、92条4項、96条4項、100条4項、100条の8第4項。以下漁協組合以外の水産組合に係る準用条文については本問において省略）。

2　設立準備会の開催

設立準備会においては、出席者の中から、定款の作成に当たるべき定款作成委員を選任し、かつ、地区、組合員たる資格その他定款作成の基本となるべき事項を定めなければならないとされています（法61条1項）。

この定款作成委員の員数につき、上記1の発起人の数以上の人数でなければならないとされ、設立準備会の議事は、出席者の過半数の同意をもって決定するとされています（法61条2項・3項）。

定款の記載事項はＱ24を参照してください。

3　創立総会の開催

発起人は、定款作成委員が作成した定款を創立総会の日時及び場所とともに、創立総会を開催する日の2週間以上前までに公告し、創立総会を開催しなければならないとされています（法62条1項・2項）。

定款作成委員が作成した定款の承認、事業計画の設定その他設立に必要な事項の決定は、創立総会の議決によらなければならないとされ（法62条3項）、創立総会において、この定款のうち、地区及び組合員たる資格に関する規定を除き、これを修正することができるとされています（同条4項）。

創立総会の議事は、組合員たる資格を有する者で、その会日までに発起人に対し設立の同意を申し出たものの半数以上が出席し、その議決権の3分の2以上で決定するとされています（法62条5項）。

創立総会においては、Ｑ4のとおり設立当時の役員を選挙（法34条4項）又は選任（同条9項）し、Ｑ5のとおり役員の任期を定めるとされています（法35条2項）。

4　行政庁への設立認可申請

Ｑ20のとおり、発起人は、創立総会終了後、定款及び事業計画を行政庁に提出して設立の認可を申請しなければならないとされています（法63条1項）。

5　発起人から理事への事務の引渡し

上記4の設立認可申請に対する行政庁の認可があったときは、発起人は、遅滞なくその事務を理事に引き渡さなければならないとされています（法66条1項）。

出資組合の理事は、上記の引渡しを受けたときは、遅滞なく出資の第1回の払込みをさせなければならず（法66条2項）、現物出資者は、原則として、第1回の払込期日に、出資の目的たる財産の全部を給付しなければならないとされています（同条3項）。

6　設立の登記

Q 20のとおり、水産組合は、その主たる事務所の所在地において設立の登記をすることによって成立します（法67条）。

具体的な設立登記の申請手続は、Q 25及びQ 26を参照してください。

Q24

水産業協同組合の定款の記載事項には、どのようなものがありますか。

水産組合を設立しようとする際に、Q 23の2の定款作成委員が作成する定款には、①根拠法令の規定によって必ず定めなければならない「絶対的記載事項」、②根拠法令の規定によって定款に定めることができる「相対的記載事項」、③根拠法令に規定がないが水産組合の運営上で必要な事項として定める「任意的記載事項」があります。

これらを定款に定めたときは、水産組合及び組合員又は会員を拘束することとなります。

1　絶対的記載事項

(1)　漁協組合

漁協組合の定款には、次に掲げる事項を記載し、又は記録しなければならないとされています（法32条1項本文）。ただし、非出資組合の定款には、下記のカの事項を、さらに、組合員の事業又は生活に必要な物資の供給及び共同利用施設の設置並びに組合員の漁獲物その他の生産物の運搬・加工・保管・販売の事業（法11条1項5号から7号まで）を行わない非出資組合の定款には下記のク及びケをも、記載し、又は記録しなくてもよいとされています（法32条1項ただし書）。

ア　**事業**（法32条1項1号）

漁協組合は、水産業協同組合法11条に規定する事業の全部又は

一部を行うことができるとされています。これらの法定された事業の範囲において、その行う事業を定款に定めることになります。

イ　**名称**（法32条1項2号）

　　名称の制限、登記上で使用可能な文字等については、Q21及びQ22を参照してください。

ウ　**地区**（法32条1項3号）

　　組合員の資格を定めるためのものです。すなわち、漁協組合においては、その地区内に住所を有し、かつ、漁業を営む漁民等（法18条）、地区を基準とした組合員の資格を定めることとなります。

　　地区の範囲は、組合員たる漁民等の住所等がある最小行政単位（市区町村）又はそれ以下（大字、字等）で定め、最小行政単位が複数ある場合は、これを列記することになります。

エ　**事務所の所在地**（法32条1項4号）

　　水産組合の住所は、その主たる事務所の所在地にあるものとするとされています（法6条）。ここで規定する事務所とは主たる事務所のみならず従たる事務所の所在地も含まれ、所在地とは最小行政単位（市区町村）までの記載で足り、住居表示番号（○丁目○番○号）又は地番（○番地○）まで記載しない方法が一般的に利用されています（詳細は、Q39を参照）。

オ　**組合員たる資格並びに組合員の加入及び脱退に関する規定**（法32条1項5号）

　　組合員の資格に関する規定には、組合員たる資格のほか、その審査の方法を定めなければならないとされています（法32条2項）。

　　組合員の資格については水産業協同組合法18条を、組合員の加入及び脱退については同法26条及び27条を、それぞれ参照してください。

カ　**出資1口の金額及びその払込みの方法並びに一組合員の有することのできる出資口数の最高限度**（法32条1項6号）

　　出資1口の金額は均一でなければならないとされ（法19条3項）、組合員は出資の払込みについて相殺をもって出資組合に対抗することができないとされています（同条5項）。

キ　**経費の分担に関する規定**（法32条1項7号）

ク　剰余金の処分及び損失の処理に関する規定（法32条1項8号）
　ケ　準備金の額及びその積立ての方法（法32条1項9号）
　　　出資組合は、定款に定める額に達するまでは、毎事業年度の剰余金の10分の1（組合員の貯金又は定期積金の受入れ（法11条1項4号）、又は組合員の共済に関する事業（同項11号）を行う組合にあっては、5分の1）以上の利益準備金を積み立てなければならないとされていますが（法55条1項）、この利益準備金は、損失のてん補に充てる場合を除いては、これを取り崩してはならないとされています（同条5項）。
　コ　役員の定数、職務の分担及び選挙又は選任に関する規定（法32条1項10号）
　　　役員の定数については、Q3の1を参照してください。
　サ　事業年度（法32条1項11号）
　　　事業年度は、自由に設定することができます。
　シ　公告の方法（法32条1項12号）
　　　公告の方法は、Q15の5を参照してください。
(2)　生産組合
　　生産組合の定款には、上記(1)のア、イ、エからカまで及びクからシまでの事項を記載し、又は記録しなければならないとされています（法83条1項）。
(3)　その他の水産組合
　　漁協連合、加工組合、加工連合及び共済連合の定款に関する規定は、上記(1)の漁協連合における定款に関する規定（法32条1項）が準用されています（法92条3項、96条3項、100条3項、100条の8第3項）。
2　相対的記載事項
　　漁協組合における定款の相対的記載事項は、次のものなどがあります。
　　なお、その他の生産組合、漁協連合、加工組合、加工連合及び共済連合の定款に関する規定は、漁協組合における定款に関する規定（法32条3項）が準用されています（法83条2項、92条3項、96条3項、100条3項、100条の8第3項）。

(1) 水産組合の存立時期を定めたときは、その時期（法32条3項前段）
 (2) 現物出資をする者を定めたときは、その者の氏名、出資の目的である財産及びその価額並びにこれに対して与える出資口数（同項後段）

3 任意的記載事項

　水産組合における定款の任意的記載事項は、次のものなどがあります。
 (1) 代表理事又は理事のほか、組合長、副組合長、専務理事、常務理事等の呼称を用いること
 (2) 代表理事（組合長）に事故があるときの代理に関する事項
 (3) 職員の任免、事務局の組織等に関する事項

4 定款の作成例

　主務大臣は、模範定款例を定めることができるとされていますので（法32条4項、83条2項、92条3項、96条3項、100条3項、100条の8第3項）、該当都道府県又は農林水産省（水産庁）にお尋ねください。

第3　設立の登記

　Q24までは全ての水産組合について説明しましたが、6つの水産組合における登記手続は、ほぼ同様な手続ですので（第7章の代表理事に関しては、生産組合とその他の水産組合とで異なります。）、以下においては最も法人数の多い漁協組合について説明します。

Q25

漁業協同組合の設立に際してする登記手続について、教えてください。

　漁協組合における設立の登記は、法人を代表すべき者、すなわち、代表理事の1人が申請します（法120条、商登法47条1項）。

1 登記期間

　漁協組合の設立の登記は、非出資組合にあっては設立の認可があった日、又は水産業協同組合法65条2項又は5項により認可があったとみなされた場合における設立の認可に関する証明があった日から、出資組

合にあっては出資の第1回の払込みがあった日から、2週間以内に主たる事務所の所在地においてしなければなりません（法101条1項）。

また、組合の設立に際して従たる事務所を設けた場合には、主たる事務所の所在地における設立の登記をした日から2週間以内に、当該従たる事務所の所在地において、従たる事務所の所在地における登記をしなければなりません（法110条1項1号）。

なお、これらの期間内に登記することを怠ったときは、50万円以下の過料に処せられることがあります（法130条1項54号）。

2 登記事項

Q15のとおりです。

3 添付書類

主たる事務所の所在地においてする組合の設立の登記の申請書には、次の書面を添付しなければなりません。

(1) **定款**（法115条1項）

定款に記載されている登記すべき事項を証するために添付します。

(2) **設立認可書**（法120条、商登法19条）

漁協組合の設立は、創立総会終了後、行政庁の認可を受けなければならないとされていますので（Q23の4を参照）、この認可を証するために添付します。また、登記期間の起算日を示す書面にもなります。

(3) **主たる事務所**（従たる事務所を含む）**の所在場所決定書**

定款において事務所の所在地を最小行政単位までの記載としている場合は、事務所の所在場所を証する書面を添付します（Q15の2を参照）。

(4) **代表権を有する者の資格を証する書面**（法115条1項）

ア **創立総会議事録**

漁協組合の代表理事を選定する前提として、組合員又は経営管理委員が、創立総会において選挙又は選任することとされていますので（Q4を参照）、これら理事の選任に係る創立総会議事録を添付します。

イ **理事会議事録**（又は経営管理委員会議事録）

漁協組合は、理事会（経営管理委員を置く組合の場合は、経営管

ウ　就任承諾書
　　　　代表理事が就任を承諾したことを証する書面を添付します。ただし、理事会又は経営管理委員会の議事録の記載により、就任を承諾したことが明らかな場合は、登記申請書に「就任承諾書は、理事会議事録（又は経営管理委員会議事録）の記載を援用する。」と記載すれば、就任承諾書の添付をする必要はありません。
(5)　**出資の総口数を証する書面**（出資組合の場合のみ添付を要する。）（法115条1項）
　　組合員の出資引受書を添付します。
(6)　**出資第1回の払込みのあったことを証する書面**（出資組合の場合のみ添付を要する。）（法115条1項）
　　払込金を保管している金融機関の保管証明書、払込金を領収した代表理事の領収書等を添付します。また、登記期間の起算日を示す書面にもなります。
(7)　**優先出資の引受けの申込みを証する書面**（優先出資を発行する場合。詳細は第8章を参照（以下、本問において同じ。））
　　協同組織金融機関（生産組合を除く信用事業を行う水産組合。以下同じ。）が優先出資を発行するときは、次の事項を登記しなければなりません（優先出資法2条、45条1項）。
　　ア　定款で定めた優先出資の総口数の最高限度
　　イ　発行済優先出資の総口数並びに種類及び種類ごとの口数
　　ウ　優先出資発行後の資本金の額から普通出資の総額を控除して得た額
　　エ　優先出資証券発行協同組織金融機関であるときは、その旨
　　オ　優先出資者名簿管理人を置いたときは、その氏名又は名称及び住所並びに営業所
　　これらの登記をするための添付書類のうち、優先出資の引受けの申込みを証する書面として、優先出資割当証等を添付します。
(8)　**優先出資の払込みがあったことを証する書面**（優先出資を発行する

場合）

　　金融機関の優先出資払込証明書を添付します。
⑼ **優先出資の払込金額のうち資本金に計上しない額を証する書面**（優先出資を発行する場合）

　　協同組織金融機関が発行する優先出資を引き受ける者の募集をしようとするときに行政庁の認可を受けた認可書を添付します（優先出資法6条1項柱書き）。
⑽ **委任状**（法120条、商登法18条）

　　代理人によって登記を申請する場合は、代理権限を証する書面として、申請人の委任状を添付します。

　　なお、定款、議事録等、登記申請書に添付すべき書面が電磁的記録で作成されているときは、当該電磁的記録に記録された情報の内容を記録した電磁的記録（法務省令で定めるものに限る。）を、当該登記申請書に添付しなければなりません（法120条、商登法19条の2）。

4　印鑑の提出

　　登記の申請人である代表理事は、あらかじめ（登記の申請と同時に）、登記申請書又は委任状に押印する印鑑の印影を登記所に提出しなければなりません（法120条、商登法20条1項・2項）。印鑑の印影の提出は印鑑届書によりすることになりますが（法登規則5条、商登規則9条1項）、印鑑届書は最寄りの登記所で受け取るか法務省のホームページにある「商業・法人登記簿謄本、登記事項証明書（代表者事項証明書を含む）、印鑑証明書の交付等の申請」（http://www.moj.go.jp/ONLINE/COMMERCE/11-2html）からダウンロードして使用できます。

　　印鑑の大きさは、辺の長さが1cmの正方形に収まるもの又は辺の長さが3cmの正方形に収まらないものであってはなりません（法登規則5条、商登規則9条3項）。すなわち、印鑑の形状は円形でも四角形でも自由ですが、印鑑の大きさは円の直径又は四角形の辺の長さが1cm以上3cm未満のものでなければなりません。

　　なお、印鑑の印影の提出は、主たる事務所の所在地を管轄する登記所に提出することで足り、従たる事務所の所在地を管轄する登記所に提出する必要はありません（法120条、商登法20条3項）。

第4章 設立の登記 (Q25)

① 登記申請書の作成例

```
受付番号票貼付欄（注1）
```

漁業協同組合設立登記申請書

1 名　　　　称	わかしお漁業協同組合	
1 主たる事務所	○○県わかしお市美浜町100番地10	
1 従たる事務所	○○県しおさい市月見町200番地20	
（注2）	管轄登記所　○○地方法務局○○支局	
1 登記の事由	平成○○年○月○日設立の手続終了（注3）	
1 登記すべき事項	別添CD-Rのとおり（注4）	
1 登記手数料	金300円（注5）	
	従たる事務所の所在地登記所数　1庁	
1 認可書到達の年月日	平成○○年○月○日（注6）	
1 添付書類	定款	1通
	設立認可書	1通（注7）
	主たる事務所及び従たる事務所の所在場所決定書	1通（注8）
	創立総会議事録	1通（注9）
	理事会議事録	1通（注10）
	就任承諾書	1通（注11）
	出資の総口数を証する書面	○通（注12）
	出資第1回の払込みがあったことを証する書面	○通（注13）
	優先出資の引受けの申込みを証する書面	○通（注14）
	優先出資の払込みのあったことを証する書面	○通（注15）
	優先出資の払込金額のうち資本金に計上しない額を証する書面	1通
	委任状	1通（注16）

41

上記のとおり登記の申請をします。

　　　平成○○年○月○日

　　　　　　　○○県わかしお市美浜町100番地10
　　　　　　　申　請　人　　わかしお漁業協同組合

　　　　　　　○○県わかしお市美浜町150番地15
　　　　　　　代 表 理 事　　海　野　磯　夫（注17）

　　　　　　　○○県わかしお市岸の根2丁目20番20号
　　　　　　　上記代理人　　清　川　書　士　㊞（注18）
　　　　　　　連絡先の電話番号　○○○－○○○－○○○○（注19）

　　○○地方法務局　御中（注20）

（注1）提出を受けた登記所の手続に必要な欄として、登記申請書の初葉の最上部に縦の辺の長さ4cm程度の余白を設けるのが、登記実務上の取扱いです。
（注2）本作成例は、従たる事務所の所在地においてする登記を、主従一括申請の方法によって申請する場合です（Q19の1及び2(1)を参照）。
（注3）わかしお漁業協同組合（以下「わかしお漁協」という。）を出資組合の作成例としていますので、出資の第1回の払込みがあった日を記載します（本問の1及び3(6)を参照）。なお、設立認可書の到達日が出資の第1回の払込みがあった日より遅い場合は、設立認可書の到達年月日を記載します。
　　　また、非出資組合の場合は、設立認可書の到達年月日を記載します（本問の1及び3(2)を参照）。
（注4）本作成例は、磁気ディスクを提出する方法を採った場合です。磁気ディスクに関する留意事項は、Q18の3(3)の法務省のホームページをご覧ください。磁気ディスクに記録する登記事項の記録例は、本問の②を参照してください。
　　　その他の登記事項の提出方法は、Q18の3を参照してください。
（注5）本作成例は、主従一括申請によって申請する場合です（Q19の1及び2(1)を参照）。この場合には、1件につき300円の手数料を収入印紙で納付します。なお、現在、登記印紙は販売されていませんが、当分の間、登記印紙による納付も認められ、また、収入印紙と登記印紙の併用による納付も可能です。これらの印紙は、未使用の（消印、割印等をしていない）

ものを登記申請書と契印した別紙（印紙貼付台紙）又は登記申請書の余白部分に貼付します。
(注6) 設立認可書の到達年月日を記載します。
(注7) 設立認可書を添付します。なお、設立認可書の写しに「原本に相違がない」旨を記載し、原本とともに提出すると、原本は還付を受けることができます（法登規則5条、商登規則49条）。
(注8) 決定書の作成例は、本問の③を参照してください。
(注9) 創立総会議事録の作成例は、本問の④を参照してください。
(注10) 理事会議事録の作成例は、本問の⑤を参照してください。経営管理委員会を置く漁協組合の場合は、経営管理委員会議事録を添付します。
(注11) 就任承諾書の作成例は、本問の⑥を参照してください。なお、理事会又は経営管理委員会の議事録の記載により、就任を承諾したことが明らかな場合は、登記申請書に「就任承諾書は、理事会議事録（又は経営管理委員会議事録）の記載を援用する。」と記載すれば、就任承諾書の添付をする必要はありません。
(注12) 出資引受書の作成例は、本問の⑦を参照してください。
(注13) 保管証明書及び領収書の作成例は、本問の⑧－1及び⑧－2を参照してください。
(注14) 優先出資割当証の作成例は、本問の⑨を参照してください。
(注15) 優先出資払込証明書の作成例は、本問の⑩を参照してください。
(注16) 委任状の作成例は、本問の⑪を参照してください。
(注17) 代表理事の印鑑は、下記印鑑届書により登記所に提出する印影の印鑑を委任状に押印しているので、登記申請書には押印の必要がありません。
　　　委任状に押印する代表理事の印鑑は、「印鑑届書」によって登記所に提出する印影の印鑑を押印します。この印鑑届書には、市区町村長が作成した3か月以内の印鑑証明書を添付しなければなりません（法登規則5条、商登規則9条5項1号）。なお、印鑑届書の用紙は登記所にありますが（無料）、法務省のホームページ（http://www.moj.go.jp/ONLINE/COMMERCE/11-2.html）からダウンロードすることもできます。
(注18) 代理人が申請する場合に記載し、代理人の印鑑を押印します。
(注19) 登記申請書に不備がある場合等、登記申請書を提出した登記所の登記官からの連絡のため、記載します。なお、代理人に委任することなく、申請人が自ら申請する場合にも、申請人の欄に連絡先の電話番号及び担当者名を記載します（Q26の①を参照）。
(注20) わかしお漁協の主たる事務所の所在地を管轄する登記所である○○地方法務局宛てに提出します（Q18の1を参照）。登記所に出向かずに、インターネットを利用したオンラインや郵送によって申請することができます（Q18の2を参照）。

② 登記事項を記録した磁気ディスクを提出する場合の登記事項の記録例

「名称」わかしお漁業協同組合
「主たる事務所」○○県わかしお市美浜町 100 番地 10
「目的等」
目的及び事業
1　この組合は、組合員のために次の事業を行う。
　(1)　水産資源の管理及び水産動植物の増殖
　(2)　組合員の事業又は生活に必要な資金の貸付け
　(3)　組合員の貯金又は定期積金の受入れ

〈中　略〉　実際は、定款に掲げる事業を全て記載します。

「役員に関する事項」
「資格」代表理事
「住所」○○県わかしお市美浜町 150 番地 15
「氏名」海野磯夫
「従たる事務所番号」1
「従たる事務所の所在地」○○県しおさい市月見町 200 番地 20
「公告の方法」
　この組合の掲示場に掲示し、かつ、○○県において発行する○○新聞に掲載する方法によってこれをする。
「出資 1 口の金額」金 1000 円
「出資の総口数」○○○万○○○○口
「払込済出資総額」金○○億○○○○万○○○○円
「出資払込みの方法」全額一時払込み
「優先出資の総口数の最高限度」30 万口
「発行済優先出資の総口数」○○万口
「優先出資発行後の資本金の額から普通出資の総額を控除して得た額」
金○億円
「地区」
　○○県わかしお市、○○県汐見市、○○県岬市、○○県しおさい市月見町及び希望が浜の区域
「登記記録に関する事項」設立

　以上のほか、存立時期を定めた組合においては（Q 15 の 8 を参照）、「「存立時期」平成○○年○月○日まで」と記録します。

③ 主たる事務所及び従たる事務所の所在場所決定書の作成例

主たる事務所及び従たる事務所の所在場所決定書

　平成○○年○月○日、わかしお漁業協同組合の創立事務所において、発起人全員が出席し、その全員の一致の決議により主たる事務所及び従たる事務所の所在場所を次のとおり決定した。
　　　主たる事務所　○○県わかしお市美浜町 100 番地 10
　　　従たる事務所　○○県しおさい市月見町 200 番地 20
　上記の決定事項を証するため、発起人全員は、次のとおり記名押印する。
　　平成○○年○月○日
　　　わかしお漁業協同組合
　　　　　　　　　1　　発起人　　鯛　浜　良　吉　㊞
　　　　　　　　　2　　　同　　　鮒　野　清　流　㊞
〈中　略〉
　　　　　　　　　19　　　同　　　鯵　沢　漁　太　㊞
　　　　　　　　　20　　　同　　　鮭　川　　　昇　㊞

④　創立総会議事録の作成例

創 立 総 会 議 事 録

1　日　　　　　時　　平成○○年○月○日午前○時
2　場　　　　　所　　当組合創立事務所
3　組合員の総数　　○○○名
4　出席した組合員数　　○○○名
　　　　　　　　　　（うち委任状　○○名）
5　発　起　人　　鯛浜良吉（議長兼議事録作成者）
　　　　同　　　　　鮒野清流

〈中　略〉

　　　　同　　　　　鯵沢漁太
　　　　同　　　　　鮭川　昇
6　出席役員の氏名　　設立時理事　海野磯夫、鯨井太平
　　　　　　　　　　　　同　　　大潮　満、珊瑚若芽
　　　　　　　　　　　　同　　　地引網男
　　　　　　　　　　設立時監事　海苔黒司、沖　遠洋
7　議長選任の経過
　　定刻に至り、司会者○○○○は開会を宣し、本日の創立総会は組合員○○○名中○○○名の出席により、水産業協同組合法の規定による所定数を満たしたので有効に成立した旨を告げ、議長の選任方法を諮ったところ、満場一致をもって発起人鯛浜良吉が議長に選任され、続いて議長の挨拶の後、議案の審議に入る。
8　議事の経過要領及びその結果
　　第1号議案　わかしお漁業協同組合の創立に関する事項報告の件
　　議長は、発起人鮒野清流から創立事項を報告させた後、これを議場に諮ったところ、満場一致をもって異議なく承認した。
　　第2号議案　定款の承認及び事業計画の設定の件
　　議長から定款の承認及び事業計画の設定について、議場に諮ったところ、満場一致をもって異議なく、原案どおり可決した。
　　第3号議案　理事及び監事の選任の件（注1）
　　議長は、設立時の理事及び監事を選任したい旨を述べ、水産業協同組合法第34条第5項及び第6項の規定に基づく投票の結果、次の者が選任され、被選任者はいずれも就任を承諾した。
　　　理　事　海野磯夫、鯨井太平
　　　　同　　　大潮　満、珊瑚若芽

第4章　設立の登記（Q25）

　　　　同　　　地　引　網　男
　　監　事　海　苔　黒　司、沖　　遠　洋
　第4号議案　設立時の役員の任期の件（注2）
　　議長は、水産業協同組合法第35条第2項の規定に基づき設立時の理事及び監事の任期を本総会において決定する必要がある旨を述べ、議場に諮ったところ、組合員○○○○から、1年以内に開催される第1回通常総会の終結の時までとされたい旨の発言があり、満場一致でこれを承認可決した。

　以上をもって、創立総会の全ての議案について、審議を終了したので、議長は、午前○時○分に閉会の宣言をし、散会した。

　上記の議決を明確にするため、議長、発起人、理事及び監事は、記名押印する。（注3）

　　平成○○年○月○日
　　　　　　　　わかしお漁業協同組合創立総会において
　　　　　　　　　議長発起人　　鯛　浜　良　吉　㊞（注3）
　　　　　　　　　出席発起人　　鮒　野　清　流　㊞

〈中　略〉

　　　　　　　　　　同　　　鯵　沢　漁　太　㊞
　　　　　　　　　　同　　　鮭　川　　　昇　㊞
　　　　理　事　　海　野　磯　夫　㊞
　　　　　　　　　　同　　　鯨　井　太　平　㊞
　　　　　　　　　　同　　　大　潮　　　満　㊞
　　　　　　　　　　同　　　珊　瑚　若　芽　㊞
　　　　　　　　　　同　　　地　引　網　男　㊞
　　　　監　事　　海　苔　黒　司　㊞
　　　　　　　　　　同　　　沖　　　遠　洋　㊞

（注1）経営管理委員会を置く組合の場合は、経営管理委員をも選任することとなります。
（注2）役員の任期については、Q5を参照してください。
（注3）創立総会の議事録について通常総会等の議事録の規定が準用され（法62条6項）、議事録への署名・押印は義務付けられていませんが（Q9の1なお書を参照）、創立という重要な議事であり、代表理事を選定する前提として理事の選任の議決をしたものですので、記名押印するのが望ましいと考えます。

47

⑤　理事会議事録の作成例

理 事 会 議 事 録

1　日　　　　　時　　平成〇〇年〇月〇日午後〇時
2　場　　　　　所　　当組合創立事務所
3　理 事 の 総 数　　5名
4　出席した理事の氏名　　4名（鯨井太平、大潮満、珊瑚若芽、地引網男）
5　欠席理事及び欠席理由　　海野磯夫（海外出張）
6　監 事 の 総 数　　2名
7　出席した監事の氏名　　全員（海苔黒司、沖　遠洋）

　出席役員全員の一致の決議により、議長に珊瑚若芽が選任され、直ちに議案の審議に入る。
8　代表理事、専務理事及び常任理事の選任の件
　　出席役員全員の一致の議決により、次のとおり選任した。被選任者のうち、出席被選任者はいずれも就任を承諾した。
　　　代表理事（組合長）　　海 野 磯 夫
　　　専務理事（副組合長）　鯨 井 太 平（注）
　　　常務理事　　　　　　　大 潮 　 満（注）

　以上をもって、第1回理事会の全ての議案について、審議を終了したので、議長は、午後〇時〇分に閉会の宣言をし、散会した。

　上記の議決を明確にするため、議長、出席理事及び監事は、記名押印する。

　平成〇〇年〇月〇日
　　　　　　　　わかしお漁業協同組合理事会において
　　　　　　　　　　　議長理事　　珊　瑚　若　芽　㊞
　　　　　　　　　　　出席理事　　鯨　井　太　平　㊞
　　　　　　　　　　　出席理事　　大　潮　　　満　㊞
　　　　　　　　　　　出席理事　　地　引　網　男　㊞
　　　　　　　　　　　出席監事　　海　苔　黒　司　㊞
　　　　　　　　　　　出席監事　　沖　　　遠　洋　㊞

(**注**) わかしお漁協は、「組合員の貯金又は定期積金の受入れ」（法11条1項4号）の事業を行う漁協組合ですので（本文の②の「目的等」欄の1(3)を参照）、常勤理事を置かなければなりません（Q3の1(1)を参照）。

⑥ 就任承諾書の作成例

就 任 承 諾 書

わかしお漁業協同組合　御中

　わかしお漁業協同組合の代表理事に就任することを承諾します。

　平成○○年○月○日

　　　　　　　　　　　　○○県わかしお市美浜町150番地15
　　　　　　　　　　　　　代表理事（組合長）　海　野　磯　夫　㊞

　代表理事を選定する理事会において、被選任者は同理事会に出席していないので（上記⑤の理事会議事録を参照）、就任承諾書の添付を要します。なお、被選任者が選任の議決の席上に出席し就任を承諾したことが、議事録の記載により明らかな場合は、登記申請書に「就任承諾書は、理事会議事録（又は経営管理委員会議事録）の記載を援用する。」と記載すれば、就任承諾書の添付をする必要はありません（本問の3(4)ウを参照）。

⑦　出資引受書の作成例

出　資　引　受　書

わかしお漁業協同組合発起人　御中

　次のとおり、貴組合の出資を引き受けます。

　わかしお漁業協同組合出資引受口数　〇口（出資1口の金額　1,000円）

　　平成〇〇年〇月〇日

　　　　　　　〇〇県しおさい市月見町210番地21　　出　世　鮎　造　㊞

⑧－1　金融機関の出資金保管証明書の作成例

出　資　金　保　管　証　明　書

わかしお漁業協同組合
　代表理事（組合長）　海　野　磯　夫　殿

　以下のことにつき、当行において平成〇〇年〇月〇日までに払込事務を行い、現在、これを保管していることを証明する。

　　わかしお漁業協同組合の設立に係る出資口数〇口に対する払込金
　　　金〇〇億〇〇〇〇万〇〇〇〇円

　平成〇〇年〇月〇日

　　　　　　　〇〇県〇〇市〇〇1丁目1番1号
　　　　　　　〇〇銀行株式会社　代表取締役　〇　〇　〇　〇　㊞

⑧-2　出資金領収書の作成例

　　　　　　　　出　資　金　領　収　書

組合員　出　世　鮎　造　殿

　わかしお漁業協同組合の出資〇口についての次の払込金を、領収しました。
　　　　金〇〇〇〇円

　　　平成〇〇年〇月〇日

　　　　　　　　　　わかしお漁業協同組合
　　　　　　　　　　　代表理事（組合長）　海　野　磯　夫　㊞

⑨　優先出資割当証の作成例

　　　　　　　　優　先　出　資　割　当　証

わかしお漁業協同組合発起人　御中

　次のとおり、貴組合の優先出資の割当てを受けます。

　わかしお漁業協同組合優先出資引受口数　〇口

　　平成〇〇年〇月〇日

　　　　　〇〇県しおさい市月見町310番地31　　出　世　鮎　子　㊞

⑩　金融機関の優先出資払込証明書の作成例

優先出資払込証明書

わかしお漁業協同組合
　代表理事（組合長）　　海　野　磯　夫　　殿

　以下の件につき、当行に平成〇〇年〇月〇日までに払込みがあったことを証明する。

　わかしお漁業協同組合の設立に係る優先出資口数〇口に対する払込金
　　　金〇億円

　　平成〇〇年〇月〇日

　　　　　　　　〇〇県〇〇市〇〇１丁目１番１号
　　　　　　　　〇〇銀行株式会社　代表取締役　〇　〇　〇　〇　㊞

⑪　委任状の作成例

```
              委　任　状

                  ○○県わかしお市岸の根 2 丁目 20 番 20 号
                              清　川　書　士

   私は、上記の者を代理人に定め、次の権限を委任する。
 1  わかしお漁業協同組合における設立の登記を申請する一切の件
      発行済優先出資の総口数　○○万口
      優先出資発行後の資本金の額から普通出資の総額を控除して得た額
                                          ○億円
 1  原本還付の請求及び受領の件（注 1）

   平成○○年○月○日
            ○○県わかしお市美浜町 100 番地 10
            わかしお漁業協同組合
              代表理事（組合長）　海　野　磯　夫　㊞（注 2）
```

(注1) 原本還付の請求をする場合に記載します。登記申請書に貼付した定款等の原本還付については、本問の①（注 7）を参照してください。
(注2) 代表理事が登記所に提出する印影の印鑑を押印します（本問の①（注 17）を参照）。

Q26

漁業協同組合の設立に際して従たる事務所を設置し、この登記を主たる事務所の所在地を管轄する登記所を経由しないで、従たる事務所の所在地においてする手続について、教えてください。

　漁協組合の設立に際して従たる事務所を設けた場合には、この登記を主従一括申請の方法によって申請することができますが（Q 19 の 1 及び 2 (1)を参照)、おのおの別個に申請することも可能です。

1 登記期間
　Ｑ 25 の 1 のまた書のとおりです。
2 登記事項
　Ｑ 16 のとおりです。
3 添付書類
　従たる事務所の所在地においてする設立の登記申請書には、主たる事務所の所在地においてした登記を証する書面を添付することで足り、この場合においては他の書面を添付する必要はありません（法 120 条、商登法 48 条 1 項）。
　主たる事務所の所在地においてした登記を証する書面とは、具体的には、登記事項証明書（現在事項証明書）であり、この請求・取得方法はＱ 27 のとおりです。
4 手続の概要
　本問の申請方法の概要は、下の図のとおりです。

【従たる事務所登記所への登記】

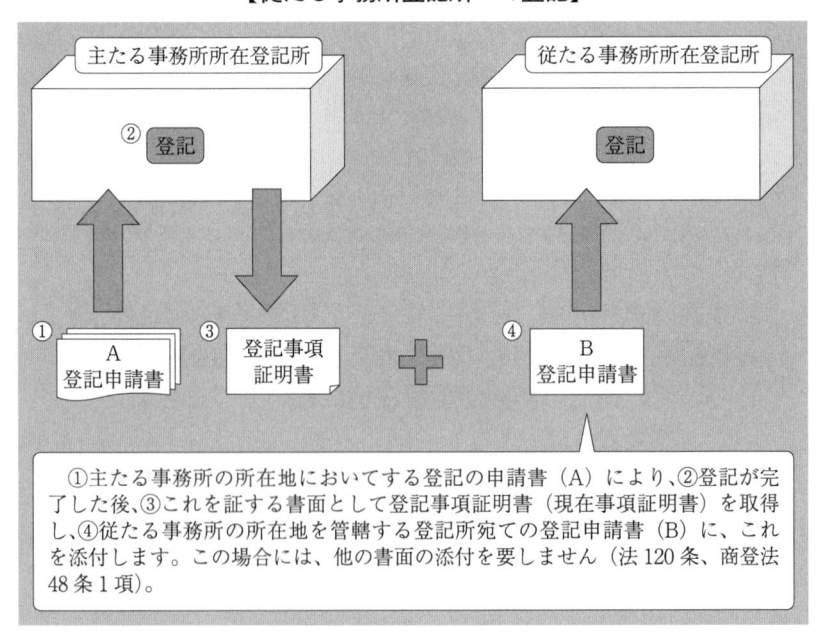

①主たる事務所の所在地においてする登記の申請書（A）により、②登記が完了した後、③これを証する書面として登記事項証明書（現在事項証明書）を取得し、④従たる事務所の所在地を管轄する登記所宛ての登記申請書（B）に、これを添付します。この場合には、他の書面の添付を要しません（法 120 条、商登法 48 条 1 項）。

① 登記申請書の作成例

受付番号票貼付欄（注1）

漁業協同組合設立登記申請書

1 名　　　　称　　わかしお漁業協同組合
1 主たる事務所　　○○県わかしお市美浜町 100 番地 10
1 従たる事務所　　○○県しおさい市月見町 200 番地 20（注2）
1 登記の事由　　　平成○○年○月○日組合設立に際し従たる事務所設置
1 登記すべき事項（注3）
　　　「名　　　称」　わかしお漁業協同組合
　　　「主たる事務所」　○○県わかしお市美浜町 100 番地 10
　　　「法人成立の年月日」　平成○○年○月○日（注4）
　　　「従たる事務所番号」　1
　　　「従たる事務所」　○○県しおさい市月見町 200 番地 20
　　　「登記記録に関する事項」　設立
1 添付書類　　登記事項証明書　　　　　　1通（注5）

　上記のとおり登記の申請をします。

　　平成○○年○月○日

　　　　○○県わかしお市美浜町 100 番地 10
　　　　申　請　人　　わかしお漁業協同組合
　　　　連絡先の電話番号　○○○-○○○-○○○○（注6）
　　　　　　担　　当　　　○　○　○　○

　　　　○○県わかしお市美浜町 150 番地 15
　　　　代表理事　　海　野　磯　夫　㊞（注7）

　○○地方法務局○○支局　御中（注8）

（注１）提出を受けた登記所の手続に必要な欄として、登記申請書の初葉の最上部に縦の辺の長さ４cm程度の余白を設けるのが、登記実務上の取扱いです。
（注２）同一登記所の管轄区域内に複数の従たる事務所がある場合であっても、そのうち、一つの従たる事務所を記載します。
（注３）本作成例は、登記申請書に直接記載する方法を採った場合です。なお、本作成例は、主たる事務所の所在地においてした登記を証する書面として登記事項証明書のうちの現在事項全部証明書又は現在事項一部証明書を添付していますので、この登記事項証明書の記載を本作成例の登記すべき事項欄に引用して記載することができます（法登規則５条、商登規則62条１項）。具体的には、「別添登記事項証明書のとおり」と記載し、登記事項証明書に引用部分を明らかにするマーク等を施します（法登規則５条、商登規則62条２項）。
　　　　その他の登記事項の提出方法は、Q18の３を参照してください。
（注４）主たる事務所の所在地においてした設立の登記年月日を記載します（法67条、120条、商登法48条２項）。
（注５）登記事項証明書の請求・取得方法は、Q27を参照してください。
（注６）本作成例は、代理人に委任することなく、申請人が自ら申請する場合です。登記申請書に不備がある場合等、登記申請書を提出した登記所の登記官からの連絡のため、記載します。なお、代理人に委任する場合は、代理人の欄に代理人の連絡先の電話番号を記載します（Q25の①を参照）。
（注７）代表理事の印鑑は、主たる事務所の所在地を管轄する登記所に提出した印影の印鑑を押印します。
（注８）わかしお漁協の従たる事務所の所在地を管轄する登記所である○○地方法務局○○支局宛てに提出します（Q18の１を参照）。登記所に出向かずに、インターネットを利用したオンラインや郵送によって申請することができます（Q18の２を参照）。

Q27

登記した事項の証明書や代表理事の印鑑の証明書の請求・取得方法について、教えてください。

1　登記事項証明書及び印鑑証明書の請求・取得方法

　　登記した事項の証明書（登記事項証明書）及び登記所に提出した代表理事の印鑑の印影の証明書（印鑑証明書）の交付は、①登記所の窓口に

出向いて請求する方法、②登記所の窓口に出向かずに、郵送により請求する方法、③登記所の窓口に出向かずに、インターネットに接続された事務所のパソコンからオンラインによって請求する方法があります。

　登記事項証明書及び印鑑証明書を請求・取得できる登記所は、主たる事務所の所在地を管轄する登記所はもちろんのこと、登記所であれば全国のどこの登記所でも差し支えありません。ただし、コンピュータ化前の主たる事務所又は従たる事務所の登記簿謄本は、当該事務所の所在地を管轄する登記所のみに請求することとなります。なお、印鑑証明書の請求には印鑑カードが必要です。この印鑑カードの請求・取得できる登記所は、登記事項証明等と異なり、主たる事務所の所在地がある都道府県内の各登記所ですので、ご留意ください。

　登記事項証明書、印鑑証明書及び印鑑カードの交付申請書の様式等の詳細は、法務省のホームページ「商業・法人登記簿謄本、登記事項証明書（代表者事項証明書を含む）、印鑑証明書の交付等の申請」（URL：http://www.moj.go.jp/ONLINE/COMMERCE/11-2.html）を、ご覧ください。

　いずれの請求方法も登記手数料を納付する必要があります。上記①及び②の請求方法の登記手数料は、収入印紙で納めることとなります。現在、登記印紙は販売されていませんが、当分の間、登記印紙による納付も認められ、また、収入印紙と登記印紙の併用による納付も可能です。上記③のオンライン請求の登記手数料は、ATM、インターネットバンキング、モバイルバンキングで支払うので収入印紙の購入手続が不要です。登記手数料の額については、次頁の表を参照してください。

　さらに、上記②の郵送請求の場合は、返信用封筒及び返信用郵便切手を同封する必要があります。

　また、上記③のオンライン請求の場合の所得方法は、a郵送で受け取る方法と、b登記所の窓口で受け取る方法の2種類があり、手数料はいずれも上記①及び②の方法より安く、aよりbの方法が更に安価な額です。オンラインによる請求については、法務省のホームページ「登記・供託オンライン申請システム」（URL：http://www.touki-kyoutaku-net.moj.go.jp/）にアクセスし、「かんたん証明書請求」にログインするだけで、複雑な環境設定等は不要となっています。

2 　登記手数料の額

平成 25 年 12 月 1 日現在

種　　別	請求・受取方法の別	手数料額	枚数加算
登記事項証明書 （登記簿謄本）	書面請求	600 円/通	1 通の枚数が 50 枚を超えるものは 50 枚までごとに 100 円を加算
	オンライン・郵送受取	500 円/通	
	オンライン・窓口受取	480 円/通	
印　鑑　証　明　書	書面請求	450 円/通	
	オンライン・郵送受取	410 円/通	
	オンライン・窓口受取	390 円/通	

第5章
事業、出資1口の金額等の変更登記

　水産組合が、設立に際して、主たる事務所の所在地においてする登記事項についてはＱ15で、従たる事務所の所在地においてする登記事項についてはＱ16で、それぞれ説明しました。

　本章においては、漁協組合の設立の際に登記した事項に変更が生じ、その変更の登記をしなければならない場合のうち、定款の変更を伴うものを中心に説明します。

第1　定款の変更手続

Q28
定款の変更手続について、説明してください。

1　定款の変更の議決

　漁協組合の定款に記載された事項に変更が生じた場合には、原則として、准組合員を除く総組合員の半数以上が出席した総会において、その議決権の3分の2以上の多数による特別議決を必要とされ（法50条1号）、総会の出席充足数及び議決数の割合については、定款でこれらを上回る定めをすることができるとされています（同条括弧書き）。

　総会に代わる総代会を設けた漁協組合の場合には、総代会における議決を要し、出席総代数、議決数の割合等については、総会の規定が準用されています（法52条6項）。

2　定款の変更の認可又は届出

　漁協組合が定款を変更する場合には、原則として、行政庁に対して「認可申請」（法48条2項）をしなければなりません。

　ただし、主たる事務所の所在地の名称の変更、関係法令の改正に伴う規定の整理として条項の移動等当該法令の規定する内容に実質的に変更を伴わない場合は（法施行規則178条2号）、「届出」で足ります（法48

条4項)。

第2　定款の変更に伴う変更の登記

Q29
事業を変更したときの登記手続について、教えてください。

　漁協組合の行う事業の内容は、法定され（Q1の3を参照）、定款の絶対的記載事項ですので（Q24の1(1)アを参照）、事業を変更する場合には定款変更の手続を経て（Q28を参照）、主たる事務所の所在地において変更の登記をしなければなりません（Q15の3・17の2を参照）。

　なお、事業は、従たる事務所の所在地における登記事項ではありませんので（Q16を参照）、同所在地において事業の変更の登記をする必要はありません。

　登記手続は、次のとおりです。

1　登記期間

　主たる事務所の所在地においてする変更の登記は、事業に変更が生じ、事業の変更に係る定款変更に対する行政庁の認可書が到達したときから2週間以内にしなければなりません（法102条1項、119条）。なお、この期間内に登記することを怠ったときは、50万円以下の過料に処せられることがあります（法130条1項54号）。

2　申請人

　漁協組合を代表する代表理事1人が申請人になります。

3　添付書類

　登記事項である事業の変更を証する書面を添付しなければなりません（法116条1項）。

(1)　総（代）会議事録

　定款変更の議決が適正に行われ、どのような事業の変更がされたのかを証するために添付します。なお、総代会において定款の変更を議決したときは、定款の規定によって議決していることを証するために

第 5 章　事業、出資 1 口の金額等の変更登記（Q29）

定款をも添付します。
(2) **定款変更認可書**（法 120 条、商登法 19 条）
　事業の変更に係る定款の変更は行政庁の認可を受けなければならないとされていますので（Q 28 の 2 を参照）、この認可を受けていることを証するために添付します。また、登記期間の起算日を示す書面にもなります。
(3) **委任状**（法 120 条、商登法 18 条）
　代理人によって登記を申請する場合は、代理権限を証する書面として、申請人の委任状を添付します。
　なお、議事録等、登記申請書に添付すべき書面が電磁的記録で作成されているときは、当該電磁的記録に記録された情報の内容を記録した電磁的記録（法務省令で定めるものに限る。）を、当該登記申請書に添付しなければなりません（法 120 条、商登法 19 条の 2）。

① 登記申請書の作成例

```
┌─────────────────────────────────────────┐
│                                         │
│        受付番号票貼付欄（注 1）          │
│                                         │
│                                         │
└─────────────────────────────────────────┘

              漁業協同組合変更登記申請書

 1  名　　　　　称     わかしお漁業協同組合
 1  主 た る 事 務 所  ○○県わかしお市美浜町 100 番地 10
 1  登 記 の 事 由     事業の変更
 1  登記すべき事項     別添 CD-R のとおり（注 2）
 1  認可書到達の年月日 平成○○年○月○日（注 3）
 1  添 付 書 類        総会議事録　　　 1 通（注 4）
                      定款変更認可書　 1 通（注 5）
                      委任状　　　　　 1 通（注 6）

                      〈以下　略〉（注 7）
```

（注１）提出を受けた登記所の手続に必要な欄として、登記申請書の初葉の最上部に縦の辺の長さ４cm 程度の余白を設けるのが、登記実務上の取扱いです。
（注２）本作成例は、磁気ディスクを提出する方法を採った場合です。磁気ディスクに関する留意事項は、Q 18 の３(3)の法務省のホームページをご覧ください。磁気ディスクに記録する登記事項の記録例は、本問の②を参照してください。
　　　　その他の登記事項の提出方法は、Q 18 の３を参照してください。
（注３）登記期間の起算日として、定款変更認可書が到達した年月日を記載します（本問の１を参照）。
（注４）総会議事録の作成例は、本問の③を参照してください。
（注５）定款変更認可書を添付します。なお、定款変更認可書の写しに「原本に相違がない」旨を記載し、原本とともに提出すると、原本は還付を受けることができます（法登規則５条、商登規則 49 条）。
（注６）登記申請を代理人に委任する場合は、委任状の添付が必要です。作成例は、Q 25 の⑪を参照され、委任事項の「設立の登記」を「事業変更の登記」に変更してください。
（注７）Q 25 の①及び（注 17）以下、Q 26 の①及び（注６）（注７）を参照してください。

② 　登記事項を記録した磁気ディスクを提出する場合の登記事項の記録例

```
「目的等」
目的及び事業
１　この組合は、組合員のために次の事業を行う。
　(1)　水産資源の管理及び水産動植物の増殖
　　〈中　略〉　実際は、変更後の定款に掲げる事業を全て記載します。
　(21)　組合員の経済的地位の改善のためにする団体協約の締結
　(22)　漁業共済組合が行う共済の斡旋
　(23)　前各号の事業に附帯する事業
「原因年月日」平成○○年○月○日変更（注）
```

（注）定款変更認可書が到達した年月日を記載します。

第 5 章　事業、出資 1 口の金額等の変更登記（Q29）

③　総会議事録の作成例

臨 時 総 会 議 事 録

1　日　　　　時　　平成○○年○月○日午前○時
2　場　　　　所　　当組合事務所　会議室
3　組合員の総数　　○○○名（正組合員）
4　出席した組合員　○○○名（正組合員）うち、委任状○名
5　出席役員の氏名　代表理事　　海野磯夫
　　　　　　　　　理　　事　　鯨井太平、大潮　満
　　　　　　　　　　同　　　　珊瑚若芽、地引網男
　　　　　　　　　監　　事　　海苔黒司、沖　遠洋

6　議長選任の経過
　　定刻に至り、仮議長○○○○は、出席正組合員数が法定数に達し、本総会が成立した旨を宣言し、本総会の議長選任方法について議場に諮ったところ、代表理事海野磯夫が選任された。
　　議長は、挨拶の後、議案の審議に入った。
7　議事の経過要領及びその結果
　　議案　事業変更に伴う定款変更
　　　議長は、事業を変更し、定款第○条第 21 号の次に、次の 1 号を加え、同条第 22 号を第 23 号に繰り下げる変更をしたい旨を議場に諮ったところ、満場一致をもって異議なく、これを可決した。
　　「⑵　漁業共済組合が行う共済の斡旋」

　議長は、以上をもって、本総会の議案の審議の全てが終了したので、午前○時○分に閉会の宣言をし、散会した。

　上記の経過及び結果を明らかにするため、この議事録を作成する。

　　平成○○年○月○日
　　　　　　　　　　　　議事録作成者
　　　　　　　　　　　　わかしお漁業協同組合
　　　　　　　　　　　　　　代表理事　　海　野　磯　夫（注）

（注）総会の議事録は、理事会等の議事録のように、出席役員の署名・押印は義務付けられていません（Q 9 の 1 なお書を参照）。

Q30 名称を変更したときの登記手続について、教えてください。

　漁協組合の名称は、定款の絶対的記載事項ですので（Q24の1(1)イを参照）、名称を変更する場合には定款変更の手続を経て（Q28を参照）、主たる事務所の所在地において変更の登記をしなければなりません（Q15の1・Q17の2を参照）。

　さらに、名称は、従たる事務所の所在地における登記事項でもありますので（Q16を参照）、同所在地においても名称の変更の登記をする必要があります。この場合、従たる事務所の所在地においてする名称の変更登記を、主従一括申請の方法によって申請することができます（Q19の1及び2(2)を参照）。

　登記手続は、次のとおりです。

1　登記期間

　　名称に変更が生じ、名称変更に係る定款変更に対する行政庁の認可書が到達したときから、主たる事務所の所在地においては2週間以内に（法102条1項、119条）、従たる事務所の所在地においては3週間以内に（法110条3項）、名称変更の登記をしなければなりせん。

　　なお、これらの期間内に登記することを怠ったときは、50万円以下の過料に処せられることがあります（法130条1項54号）。

2　申請人

　　漁協組合を代表する代表理事1人が申請人になります。

3　添付書類

　　登記事項である名称の変更を証する書面を添付しなければなりません（法116条1項）。

　(1)　総（代）会議事録

　　　定款変更の議決が適正に行われ、どのような名称の変更がされたのかを証するために添付します。なお、総代会において定款の変更を議決したときは、定款の規定に従って議決していることを証するために定款をも添付します。

(2) **定款変更認可書**（法 120 条、商登法 19 条）

　　名称の変更に係る定款の変更は行政庁の認可を受けなければならないとされていますので（Q 28 の 2 を参照）、この認可を受けていることを証するために添付します。また、登記期間の起算日を示す書面にもなります。

(3) **委任状**（法 120 条、商登法 18 条）

　　代理人によって登記を申請する場合は、代理権限を証する書面として、申請人の委任状を添付します。

　なお、議事録等、登記申請書に添付すべき書面が電磁的記録で作成されているときは、当該電磁的記録に記録された情報の内容を記録した電磁的記録（法務省令で定めるものに限る。）を、当該登記申請書に添付しなければなりません（法 120 条、商登法 19 条の 2 ）。

① 登記申請書の作成例

```
              受付番号票貼付欄（注１）
```

漁業協同組合変更登記申請書

```
1  名         称    わかしお漁業協同組合（注２）
1  主 た る 事 務 所  ○○県わかしお市美浜町 100 番地 10
1  従 た る 事 務 所  ○○県しおさい市月見町 200 番地 20
        （注３）    管轄登記所  ○○地方法務局○○支局
1  登 記 の 事 由    名称の変更
1  登 記 す べ き 事 項  平成○○年○月○日名称変更（注５）
        （注４）    名称  若潮漁業協同組合（注６）
1  登 記 手 数 料    金 300 円（注７）
                   従たる事務所の所在地登記所数    1 庁
1  認可書到達の年月日  平成○○年○月○日（注８）
1  添 付 書 類      総会議事録       1 通（注９）
                   定款変更認可書    1 通（注 10）
                   委任状          1 通（注 11）
                   〔又は登記事項証明書  1 通〕（注 12）

  上記のとおり登記の申請をします。

    平成○○年○月○日

        ○○県わかしお市美浜町 100 番地 10
        申 請 人    若潮漁業協同組合（注 13）
```

〈中 略〉（注 14）

○○地方法務局 御中（注 15）

（注１） 提出を受けた登記所の手続に必要な欄として、登記申請書の初葉の最上部に縦の辺の長さ４cm 程度の余白を設けるのが、登記実務上の取扱いです。

第5章　事業、出資1口の金額等の変更登記（Q30）

(注2)　変更前の名称を記載します。
(注3)　本作成例は、従たる事務所の所在地においてする登記を、主従一括申請の方法によって申請する場合です（Q19の1及び2(2)を参照）。
(注4)　本作成例は、登記申請書に直接記載する方法を採った場合です。その他の登記すべき事項の提出方法は、Q18の3を参照してください。
(注5)　定款変更認可書が到達した年月日を記載します。
(注6)　変更後の名称を記載します。
(注7)　本作成例は、主従一括申請によって申請する場合です（Q19の1及び2(2)を参照）。この場合には、1件につき300円の手数料を収入印紙で納付します。なお、現在、登記印紙は販売されていませんが、当分の間、登記印紙による納付も認められ、また、収入印紙と登記印紙の併用による納付も可能です。これらの印紙は、未使用の（消印、割印等をしていない）ものを登記申請書と契印した別紙（印紙貼付台紙）又は登記申請書の余白部分に貼付します。
(注8)　登記期間の起算日として、定款変更認可書が到達した年月日を記載します（本問の1を参照）。
(注9)　総会議事録の作成例は、本問の②を参照してください。
(注10)　定款変更認可書を添付します。なお、定款変更認可書の写しに「原本に相違がない」旨を記載し、原本とともに提出すると、原本は還付を受けることができます（法登規則5条、商登規則49条）。
(注11)　登記申請を代理人に委任する場合は、委任状の添付が必要です。作成例は、Q25の⑪を参照され、委任事項の「設立の登記」を「名称変更の登記」に変更してください。代理人に委任しない場合は、Q26の①及び（注6）（注7）を参照してください。
(注12)　従たる事務所の所在地においてする名称変更の登記を、主従一括申請の方法によって申請するのではなく、おのおの別個に申請する場合に、従たる事務所の所在地においてする名称変更の登記申請書には、主たる事務所の所在地においてした登記を証する書面として登記事項証明書を添付することで足り、この場合においては他の書面を添付する必要はありません（法120条、商登法48条1項）。
　　　　登記事項証明書の請求・取得方法は、Q27を参照してください。
(注13)　変更後の名称を記載します。
(注14)　登記申請を代理人に委任する場合はQ25の①及び（注17）から（注19）までを、代理人に委任しない場合はQ26の①及び（注6）（注7）を、それぞれ参照してください。
(注15)　主従一括申請の場合は、わかしお漁協の主たる事務所の所在地を管轄する登記所である○○地方法務局宛てに提出します（Q18の1を参照）。これによらずに、おのおの別個に申請する場合の従たる事務所の所在地にお

67

いてする登記は、わかしお漁協の従たる事務所の所在地を管轄する登記所である○○地方法務局○○支局宛てに提出します（Q 26 の①を参照）。登記所に出向かずに、インターネットを利用したオンラインや郵送によって申請することができます（Q 18 の2を参照）。

② 総会議事録の作成例

臨 時 総 会 議 事 録

〈中　略〉　Q 29 の③を参照してください。

7　議事の経過要領及びその結果
　議案　名称変更に伴う定款変更
　　議長は、当組合の名称を変更し、定款第○条を次のとおり変更をしたい旨を議場に諮ったところ、満場一致をもって異議なく、これを可決した。
「(名　　称)
　第　○　条　この組合は、若潮漁業協同組合という。」

〈中　略〉　Q 29 の③を参照してください。

　　　　　　　　　　　　議事録作成者
　　　　　　　　　　　　若潮漁業協同組合
　　　　　　　　　　　　　代表理事　　海　野　磯　夫（注）

（注）総会の議事録は、理事会等の議事録のように、出席役員の署名・押印は義務付けられていません（Q 9 の1なお書を参照）。

第 5 章　事業、出資 1 口の金額等の変更登記（Q31）

Q31
地区を変更したときの登記手続について、教えてください。

　漁協組合の地区は、定款の絶対的記載事項ですので（Q 24 の 1(1)ウを参照）、地区を変更する場合には定款変更の手続を経て（Q 28 を参照）、主たる事務所の所在地において変更登記をしなければなりません（Q 15 の 7・Q 17 の 2 を参照）。

　なお、地区は、従たる事務所の所在地における登記事項ではありませんので（Q 16 を参照）、同所在地において地区の変更の登記をする必要はありません。

　登記手続は、次のとおりです。

1　登記期間

　　主たる事務所の所在地においてする変更の登記は、地区に変更が生じ、地区の変更に係る定款変更に対する行政庁の認可書が到達したときから 2 週間以内にしなければなりません（法 102 条 1 項、119 条）。なお、この期間内に登記することを怠ったときは、50 万円以下の過料に処せられることがあります（法 130 条 1 項 54 号）。

2　申請人

　　漁協組合を代表する代表理事 1 人が申請人になります。

3　添付書類

　　登記事項である地区の変更を証する書面を添付しなければなりません（法 116 条 1 項）。

　(1)　総（代）会議事録

　　　定款変更の議決が適正に行われ、どのような地区に変更がされたのかを証するために添付します。なお、総代会において定款の変更を議決したときは、定款の規定によって議決していることを証するために定款をも添付します。

　(2)　定款変更認可書（法 120 条、商登法 19 条）

　　　地区の変更に係る定款の変更は行政庁の認可を受けなければならないとされていますので（Q 28 の 2 を参照）、この認可を受けているこ

とを証するために添付します。また、登記期間の起算日を示す書面にもなります（本問の1を参照）。
(3) **委任状**（法120条、商登法18条）
　　代理人によって登記を申請する場合は、代理権限を証する書面として、申請人の委任状を添付します。
　　なお、議事録等、登記申請書に添付すべき書面が電磁的記録で作成されているときは、当該電磁的記録に記録された情報の内容を記録した電磁的記録（法務省令で定めるものに限る。）を、当該登記申請書に添付しなければなりません（法120条、商登法19条の2）。

① 登記申請書の作成例

受付番号票貼付欄（注1）

漁業協同組合変更登記申請書

1　名　　　　称　　　わかしお漁業協同組合
1　主 た る 事 務 所　○○県わかしお市美浜町100番地10
1　登 記 の 事 由　　地区の変更
1　登 記 す べ き 事 項　別添CD-Rのとおり（注2）
1　認可書到達の年月日　平成○○年○月○日（注3）
1　添　付　書　類　　総会議事録　　1通（注4）
　　　　　　　　　　　定款変更認可書　1通（注5）
　　　　　　　　　　　委任状　　　　1通（注6）

〈以下　略〉（注7）

（注1）提出を受けた登記所の手続に必要な欄として、登記申請書の初葉の最上部に縦の辺の長さ4cm程度の余白を設けるのが、登記実務上の取扱いです。
（注2）本作成例は、磁気ディスクを提出する方法を採った場合です。磁気ディ

スクに関する留意事項は、Q18の3(3)の法務省のホームページをご覧ください。磁気ディスクに記録する登記事項の記録例は、本問の②を参照してください。

その他の登記事項の提出方法は、Q18の3を参照してください。
（注3）登記期間の起算日として、定款変更認可書が到達した年月日を記載します（本問の1を参照）。
（注4）総会議事録の作成例は、本問の③を参照してください。
（注5）定款変更認可書を添付します。なお、定款変更認可書の写しに「原本に相違がない」旨を記載し、原本とともに提出すると、原本は還付を受けることができます（法登規則5条、商登規則49条）。
（注6）登記申請を代理人に委任する場合は、委任状の添付が必要です。作成例は、Q25の⑪を参照され、委任事項の「設立の登記」を「地区変更の登記」に変更してください。
（注7）Q25の①及び（注17）以下、Q26の①及び（注6）（注7）を参照してください。

② 登記事項を記録した磁気ディスクを提出する場合の登記事項の記録例

```
「地区」
　〇〇県わかしお市、〇〇県汐見市、〇〇県岬市及び〇〇県しおさい市の区域
「原因年月日」平成〇〇年〇月〇日変更（注）
```

（注）定款変更認可書が到達した年月日を記載します。

③　総会議事録の作成例

> 臨 時 総 会 議 事 録
>
> 〈中　略〉（注）
>
> 7　議事の経過要領及びその結果
> 　　議案　地区変更に伴う定款変更
> 　　　議長は、当組合の地区について「〇〇県わかしお市、〇〇県汐見市、〇〇県岬市及び〇〇県しおさい市月見町及び希望が浜の区域」であるところ、同県しおさい市の地区を同市内全域に拡大し、定款第〇条を次のとおり変更をしたい旨を議場に諮ったところ、満場一致をもって異議なく、これを可決した。
> 「（地　区）
> 　　第〇条　この組合の地区は、〇〇県わかしお市、〇〇県汐見市、
> 　　　　　　〇〇県岬市及び〇〇県しおさい市の区域とする。」
>
> 〈以下　略〉（注）

（注）Q 29 の③を参照してください。

Q32　公告の方法を変更したときの登記手続について、教えてください。

　漁協組合の公告の方法は、定款の絶対的記載事項ですので（Q 24 の 1 ⑴シを参照）、公告の方法を変更する場合には定款変更の手続を経て（Q 28 を参照）、主たる事務所の所在地において変更の登記をしなければなりません（Q 15 の 5・Q 17 の 2 を参照）。

　なお、公告の方法は、従たる事務所の所在地における登記事項ではありませんので（Q 16 を参照）、同所在地において公告の方法の変更の登記をする必要はありません。

　登記手続は、次のとおりです。

第5章　事業、出資1口の金額等の変更登記（Q32）

1　登記期間

　主たる事務所の所在地においてする変更の登記は、公告の方法に変更が生じ、公告の方法の変更に係る定款変更に対する行政庁の認可書が到達したときから2週間以内にしなければなりません（法102条1項、119条）。なお、この期間内に登記することを怠ったときは、50万円以下の過料に処せられることがあります（法130条1項54号）。

2　申請人

　漁協組合を代表する代表理事1人が申請人になります。

3　添付書類

　登記事項である公告の方法の変更を証する書面を添付しなければなりません（法116条1項）。

(1)　総（代）会議事録

　　定款変更の議決が適正に行われ、変更された公告の方法を証するために添付します。なお、総代会において定款の変更を議決したときは、定款の規定に従って議決していることを証するために定款をも添付します。

(2)　定款変更認可書（法120条、商登法19条）

　　公告の方法の変更に係る定款の変更は行政庁の認可を受けなければならないとされていますので（Q28の2を参照）、この認可を受けていることを証するために添付します。また、登記期間の起算日を示す書面にもなります。

(3)　委任状（法120条、商登法18条）

　　代理人によって登記を申請する場合は、代理権限を証する書面として、申請人の委任状を添付します。

　なお、議事録等、登記申請書に添付すべき書面が電磁的記録で作成されているときは、当該電磁的記録に記録された情報の内容を記録した電磁的記録（法務省令で定めるものに限る。）を、当該登記申請書に添付しなければなりません（法120条、商登法19条の2）。

① 登記申請書の作成例

```
┌─────────────────────────────────────┐
│                                     │
│      受付番号票貼付欄（注１）        │
│                                     │
│                                     │
└─────────────────────────────────────┘
```

　　　　　　　漁業協同組合変更登記申請書

　１　名　　　称　　　わかしお漁業協同組合
　１　主 た る 事 務 所　　○○県わかしお市美浜町100番地10
　１　登 記 の 事 由　　公告の方法の変更
　１　登 記 す べ き 事 項　　平成○○年○月○日公告の方法の変更（注３）
　　　　（注２）　　　「公告の方法」
　　　　　　　　　　　この組合の掲示場に掲示し、かつ、電子公告
　　　　　　　　　　　により行う。
　　　　　　　　　　　http://wakasio-g-g-k.or.jp/
　　　　　　　　　　　事故その他やむを得ない事由により電子公告
　　　　　　　　　　　をすることができない場合は、官報に掲載す
　　　　　　　　　　　る方法により行う。
　１　認可書到達の年月日　　平成○○年○月○日（注４）
　１　添 付 書 類　　総会議事録　　１通（注５）
　　　　　　　　　　　定款変更認可書　１通（注６）
　　　　　　　　　　　委任状　　　　１通（注７）

　　　　　　　　　　〈以下　略〉（注８）

（注１）提出を受けた登記所の手続に必要な欄として、登記申請書の初葉の最上部に縦の辺の長さ４cm程度の余白を設けるのが、登記実務上の取扱いです。
（注２）本作成例は、登記申請書に直接記載する方法を採った場合です。その他の登記すべき事項の提出方法は、Q18の3を参照してください。
（注３）定款変更認可書が到達した年月日を記載します。
（注４）登記期間の起算日として、定款変更認可書が到達した年月日を記載します（本問の１を参照）。
（注５）総会議事録の作成例は、本問の②を参照してください。

(注6）定款変更認可書を添付します。なお、定款変更認可書の写しに「原本に相違がない」旨を記載し、原本とともに提出すると、原本は還付を受けることができます（法登規則5条、商登規則49条）。
(注7）登記申請を代理人に委任する場合は、委任状の添付が必要です。作成例は、Q25の⑪を参照され、委任事項の「設立の登記」を「公告方法変更の登記」に変更してください。
(注8）Q25の①及び（注17）以下、Q26の①及び（注6）（注7）を参照してください。

② 総会議事録の作成例

臨 時 総 会 議 事 録

〈中　略〉（注）

7　議事の経過要領及びその結果
　　議案　公告方法変更に伴う定款変更
　　　議長は、当組合の公告方法を変更し、定款第○条を次のとおり変更をしたい旨を議場に諮ったところ、満場一致をもって異議なく、これを可決した。

　　「(公告の方法)
　　　第○条　この組合の公告は、この組合の掲示場に掲示し、かつ、電子公告により行う。
　　　　　　http://wakasio-g-g-k.or.jp/
　　　　　事故その他やむを得ない事由により電子公告をすることができない場合は、官報に掲載する方法により行う。」

〈以下　略〉（注）

（注）Q29の③を参照してください。

Q33 存立時期を設定・変更・廃止したときの登記手続について、教えてください。

　漁協組合の存立時期を定めたときは、定款に記載し又は記録しなければならないとされていますので（Q24の2(1)を参照）、存立時期を設定又は変更若しくは廃止する場合には定款変更の手続を経て（Q28を参照）、主たる事務所の所在地において変更の登記をしなければなりません（Q15の8・Q17の2又は3を参照）。

　なお、存立時期は、従たる事務所の所在地における登記事項ではありませんので（Q16を参照）、同所在地において存立時期の変更の登記をする必要はありません。

　登記手続は、次のとおりです。

1　登記期間

　主たる事務所の所在地においてする変更の登記は、存立時期を、設定、変更又は廃止し、存立時期に係る定款変更に対する行政庁の認可書が到達したときから2週間以内にしなければなりません（法102条1項、119条）。なお、この期間内に登記することを怠ったときは、50万円以下の過料に処せられることがあります（法130条1項54号）。

2　申請人

　漁協組合を代表する代表理事1人が申請人になります。

3　添付書類

　登記事項である存立時期の設定、変更又は廃止を証する書面を添付しなければなりません（法116条1項）。

(1)　総（代）会議事録

　定款変更の議決が適正に行われ、存立時期の設定、変更又は廃止がされたことを証するために添付します。なお、総代会において定款の変更を議決したときは、定款の規定に従って議決していることを証するために定款をも添付します。

(2)　定款変更認可書（法120条、商登法19条）

　存立時期の設定、変更又は廃止に係る定款の変更は、行政庁の認可

第5章 事業、出資1口の金額等の変更登記（Q33）

を受けなければならないとされていますので（Q28の2を参照）、この認可を受けていることを証するために添付します。また、登記期間の起算日を示す書面にもなります。

(3) **委任状**（法120条、商登法18条）

代理人によって登記を申請する場合は、代理権限を証する書面として、申請人の委任状を添付します。

なお、議事録等、登記申請書に添付すべき書面が電磁的記録で作成されているときは、当該電磁的記録に記録された情報の内容を記録した電磁的記録（法務省令で定めるものに限る。）を、当該登記申請書に添付しなければなりません（法120条、商登法19条の2）。

① 登記申請書の作成例

受付番号票貼付欄（注1）

漁業協同組合変更登記申請書

1　名　　　　称　　わかしお漁業協同組合
1　主たる事務所　　○○県わかしお市美浜町100番地10
1　登記の事由　　　存立時期の変更（注2）
1　登記すべき事項　平成○○年○月○日存立時期の定め設定
　　　（注3）　　　（変更）（注4）
　　　　　　　　　　存立時期　平成○○年○月○日まで
　　　　　　　　　　（平成○○年○月○日存立時期の定め廃止）
1　認可書到達の年月日　平成○○年○月○日（注5）
1　添　付　書　類　総会議事録　　　1通（注6）
　　　　　　　　　　定款変更認可書　1通（注7）
　　　　　　　　　　委任状　　　　　1通（注8）

〈以下　略〉（注9）

（注1）提出を受けた登記所の手続に必要な欄として、登記申請書の初葉の最上部に縦の辺の長さ4cm程度の余白を設けるのが、登記実務上の取扱いです。
（注2）存立時期の設定又は廃止であっても、変更とします。
（注3）本作成例は、登記申請書に直接記載する方法を採った場合です。その他の登記すべき事項の提出方法は、Q18の3を参照してください。
（注4）定款変更認可書が到達した年月日を記載します。
（注5）登記期間の起算日として、定款変更認可書が到達した年月日を記載します（本問の1を参照）。
（注6）総会議事録の作成例は、本問の②を参照してください。
（注7）定款変更認可書を添付します。なお、定款変更認可書の写しに「原本に相違がない」旨を記載し、原本とともに提出すると、原本は還付を受けることができます（法登規則5条、商登規則49条）。
（注8）登記申請を代理人に委任する場合は、委任状の添付が必要です。作成例は、Q25の⑪を参照され、委任事項の「設立の登記」を「存立時期変更の登記」に変更してください。
（注9）Q25の①及び（注17）以下、Q26の①及び（注6）（注7）を参照してください。

第5章　事業、出資1口の金額等の変更登記（Q33）

② 総会議事録の作成例

臨 時 総 会 議 事 録

〈中　略〉（注）

7　議事の経過要領及びその結果
　　議案　定款変更について
（新たに定める場合）
　　　　議長は、○○の理由により、当組合は存立時期を設定したく、定款第○条の次に、次の一条を追加する定款変更をしたい旨を議場に諮ったところ、満場一致をもって異議なく、これを可決した。
　「（存立時期）
　　　第○条の2　この組合の存立時期は、平成○○年○月○日までとする。」

（変更する場合）
　　　　議長は、○○の理由により、当組合は存立時期を変更したく、定款第○条を次のとおり変更したい旨を議場に諮ったところ、満場一致をもって異議なく、これを可決した。
　「（存立時期）
　　　第○条　この組合の存立時期は、平成○○年○月○日までとする。」

（廃止する場合）
　　　　議長は、○○の理由により、当組合の存立時期を廃止したく、定款第○条を次のとおり削除したい旨を議場に諮ったところ、満場一致をもって異議なく、これを可決した。
　「（存立時期）
　　　第○条　削除」

〈以下　略〉（注）

（注）Q 29の③を参照してください。

Q34

出資１口の金額、出資払込みの方法、出資の総口数及び払込済みの出資の総額の変更手続について、説明してください。

　組合員に出資をさせる漁協組合（以下「出資組合」という。）の組合員は出資１口以上を所有しなければならず（法19条２項）、出資１口の金額を均一な額をもって定款で定めなければならないとされています（同条３項、32条１項６号、Q 24の１(1)カを参照）。

　出資組合の組合員は、１口単位で一定の口数を引き受けて、その口数の相当する金銭（＝出資１口の金額×出資口数）を定款に定める払込方法に従い組合に払い込みます。出資組合に対する組合員の責任は、組合員の引き受けた出資額の限度とするとされています（法19条４項）。①出資１口の金額、②出資払込みの方法は、定款の絶対的記載事項ですので（Q 24の１(1)カを参照）、これらを変更する場合には定款変更の手続が必要です（Q 28を参照）。また、③出資の総口数、④払込済みの出資の総額は、漁協組合の債権者にとって重要な事項ですので、①出資１口の金額、②出資払込みの方法、③出資の総口数、④払込済みの出資の総額は、登記事項とされています（Q 15の６を参照）。

　出資１口の金額を増加又は減少する場合は、次の手続が必要です。

１　出資１口の金額を増加する場合

　　出資１口の金額を増加する定款変更は、有限責任の原則により（法19条４項）、組合員の全員の同意が必要です（農業協同組合における昭和31年12月22日民事甲第2889号民事局長回答を参照）。

２　出資１口の金額を減少する場合

　　出資組合は、出資１口の金額の減少を議決したときは、次のような債権者保護手続を執らなければならないとされています（法53条）。

(1)　財産目録及び貸借対照表の作成・備置き

　　　出資１口の金額の減少の議決の日から２週間以内に財産目録及び貸借対照表を作成し、かつ、出資組合の債権者の閲覧に供するため、これらを主たる事務所に備えて置かなければならないとされ

（法53条1項）。

(2) **債権者に対する公告・催告**

　　議決の日から2週間以内に、債権者に対して、①出資1口の金額の減少の内容（法53条2項1号）、②財産目録及び貸借対照表を主たる事務所に備え置いている旨（同項2号、法施行規則183条）、③債権者が1か月を下ることのない一定の期間内に異議を述べることができる旨（法53条2項3号）を、官報に公告し、かつ、貯金者、定期積金の積金者、共済契約に係る債権者、保護預り契約に係る債権者、漁協組合の事業に係る多人数を相手方とする定型的契約の債権者で共済契約に係る債権者及び保護預り契約に係る債権者（法施行令16条、法施行規則182条）以外の知れている債権者には、各別にこれを催告しなければならないとされています（法53条2項）。

　　ただし、整備法の施行により、上記各別の催告の省略の制度が創設され、出資組合が、公告を、官報のほか、定款の定めに従い時事に関する事項を掲載する日刊新聞紙又は電子公告のいずれかによりするときは（法121条2項）、知れている債権者に対する各別の催告は不要であるとされています（法53条3項）。

(3) **異議を述べた債権者に対する弁済等**

　　債権者が上記(2)③の期間内に異議を述べなかったときは、出資1口の金額の減少を承認したものとみなすとされています（法54条1項）。

　　債権者が異議を述べたときは、出資1口の金額の減少をしてもその債権者を害するおそれがないときを除き、出資組合は、弁済し、若しくは相当の担保を供し、又はその債権者に弁済を受けさせることを目的として、信託会社若しくは信託業務を営む金融機関に相当の財産を信託しなければならないとされています（法54条2項）。

(4) **組合員の貯金等の事業を行う組合の場合の留意点**

　　組合員の貯金又は定期積金の受入れ（法11条1項4号）、組合員の共済に関する事業（同項11号）を行う出資組合の出資総額（法19条の2第2項の回転出資金を除く。）は、次の区分に応じ、次の額以上でなければならないとされています（法11条の3第1項）。

　　ア　事業年度の開始の時における組合員の数が100人未満であり、その地区の全部が地理的条件が悪く、漁業の生産条件が不利な離島、

半島その他地域として主務大臣が指定する漁協組合又は組合員の貯金若しくは定期積金の受入れ（法11条1項4号）の事業を行わない漁協組合は、1,000万円（法11条の3、法施行令4条1項1号・2項）

イ　上記ア以外の漁協組合は、1億円（法11条の3、法施行令4条1項2号）

3　払込済みの出資の総額の変更

払い込まれていない出資金を免除する方法により出資1口の金額を減少した場合は、払込済み出資の総額に変更はありません。しかし、既に払い込まれた出資の一部を組合員に払い戻す方法により出資1口の金額を減少した場合は、払込済み出資の総額も変更されるので、この場合には双方の変更の登記を同時にする必要があります。

Q35

出資1口の金額を減少する際に行う公告文及び催告書の書式を示してください。

Q34の債権者保護手続に関する書面の作成例を、以下に示します。

① 公告文の作成例

出資1口の金額の減少公告

　当組合は、平成〇〇年〇月〇日開催の第〇回臨時総会において、出資1口の金額を〇〇〇円減少し、〇〇〇円とすることといたしました。
　この決定に対し異議のある債権者は、本公告の翌日から1か月以内にお申し出ください。
　なお、財産目録及び貸借対照表の開示状況は、次のとおりです。
　開示状況　当組合の主たる事務所

　　平成〇〇年〇月〇日

　　　　　　　　　　　　〇〇県わかしお市美浜町100番地10
　　　　　　　　　　　　わかしお漁業協同組合
　　　　　　　　　　　　　　代表理事　海　野　磯　夫

第5章　事業、出資1口の金額等の変更登記（Q35）

② 催告書の作成例

催　告　書

　○○の候、益々のご清栄のこととお喜び申し上げます。
　ところで、当組合は、平成○○年○月○日開催の第○回臨時総会において、出資1口の金額を○○○円減少し、○○○円とすることといたしました。
　このことに対し異議がございましたら、平成○○年○月○日までに（**注1**）、その旨をお申出いただきたく、水産業協同組合法第53条第2項の規定により催告します。
　なお、財産目録及び貸借対照表の開示状況は、次のとおりです。
　開示状況　当組合の主たる事務所
　おって、異議がない場合は、お手数ながら、別紙承諾書（**注2**）にご捺印の上、返送いただきますようお願いいたします。

　　平成○○年○月○日

　○○県しおさい市月見町210番地21
　　　　　出　世　鮎　造　　殿

　　　　　　　　　　　○○県わかしお市美浜町100番地10
　　　　　　　　　　　わかしお漁業協同組合
　　　　　　　　　　　　　　代表理事　海　野　磯　夫

　上記のとおり債権者に催告しました。（**注3**）
　　　わかしお漁業協同組合
　　　　代表理事　海　野　磯　夫　㊞（**注4**）

（**注1**）債権者が1か月を下ることのない一定の期間内（Q34の2(2)を参照）について、催告書を発送する日の翌日から1か月を下ることがない日を定めればよいとされています。
（**注2**）本問の③の作成例を参照してください。
（**注3**）Q36の変更の登記申請書の添付書面の奥書の際に記載します。
（**注4**）代表理事が登記所に提出している印影の印鑑を押印します。

③　催告書の別紙（承諾書）の作成例

　　　　　　　　　承　諾　書

　平成○○年○月○日付け催告書をもって催告のあった出資１口の金額を減少することにつき、異議はありません。

　平成○○年○月○日

　　　　　　　　　　　　○○県しおさい市月見町 210 番地 21
　　　　　　　　　　　　　債　権　者　　出　世　鮎　造　㊞

わかしお漁業協同組合
　代表理事　海　野　磯　夫　　殿

Q36 出資１口の金額を減少し、払込済出資額の総額が変更されたときの登記手続について、教えてください。

　出資組合の出資１口の金額は、定款の絶対的記載事項ですので（Q24 の１(1)カを参照）、出資１口の金額を変更する場合には定款変更の手続を経て（Q28 を参照）、主たる事務所の所在地において変更の登記をしなければなりません（Q17 の２を参照）。

　なお、出資１口の金額及び払込済出資額の総額は、従たる事務所の所在地における登記事項ではありませんので（Q16 を参照）、同所在地においてこれらの事項の変更の登記をする必要はありません。

　登記手続は、次のとおりです。

１　登記期間

　　主たる事務所の所在地においてする変更の登記は、出資１口の金額に変更が生じ、出資１口の金額の変更に係る定款変更に対する行政庁の認可書が到達したときから２週間以内にしなければなりません（法 102 条１項、119 条）。

第5章　事業、出資1口の金額等の変更登記（Q36）

　なお、出資の総口数及び払込済出資額の総額の変更の登記は、毎事業年度末日現在により、事業年度終了後4週間以内に、主たる事務所の所在地においてすることができます（法102条2項）。

　これらの期間内に登記することを怠ったときは、50万円以下の過料に処せられることがあります（法130条1項54号）。

2　申請人

　漁協組合を代表する代表理事1人が申請人になります。

3　添付書類

　登記事項である出資1口の金額及び払込済出資額の総額の変更を証する書面を添付しなければなりません（法116条1項）。さらに、出資1口の金額の減少による変更の登記申請書には、①債権者に対する公告及び催告をしたこと、②異議を述べた債権者がいるときはその債権者に対する弁済等をしたこと又は出資1口の金額を減少してもその債権者を害するおそれがないことを証する書面をも添付しなければなりません（法116条2項。Q34の(2)・(3)を参照）。

(1)　総（代）会議事録

　　定款変更の議決が適正に行われ、減少された出資1口の金額、変更された払込済出資額の総額を証するために添付します。なお、総代会において定款の変更を議決したときは、定款の規定に従って議決していることを証するために定款をも添付します。

(2)　定款変更認可書（法120条、商登法19条）

　　出資1口の金額等の変更に係る定款の変更は行政庁の認可を受けなければならないとされていますので（Q28の2を参照）、この認可を受けていることを証するために添付します。また、登記期間の起算日を示す書面にもなります。

(3)　債権者に対する公告、知れている債権者に対する各別に催告をしたことを証する書面（法53条2項）

　　公告した官報のほか、知れている債権者に対する催告をした場合は、催告書の写し1通に催告した債権者名簿を綴ったものに、代表理事が署名（記名押印）したものを添付します。

　　また、官報（法53条2項）のほか、定款の規定によって日刊新聞紙又は電子公告により公告をした場合（同条3項。いわゆる「二重公告」

は、このことが分かる書面（新聞紙又は電子公告調査機関の報告書）を添付します。

　なお、知れている債権者がいる場合の債権者に対する各別の催告書は、整備法の施行により、省略の制度が創設されています（Q34の2(2)ただし書を参照）。

(4)　**異議を述べた債権者に対し弁済等をしたことを証する書面**

　債権者の異議申述書のほか、弁済金受領書、担保契約書若しくは信託証書、又は異議債権者を害するおそれがないことの書面として、例えば、漁協組合が異議債権者の債権に係る被担保債権額を有する抵当権設定の登記事項証明書、又は異議債権者の債権額、弁済期、担保の有無、資産状況等を示して代表理事が作成した証明書を添付します。

　異議を述べる債権者がいなかった場合は、登記申請書に「異議を述べた債権者はない。」と記載します。なお、異議がないことの証明は申請人が行うものですので、代理人による申請の場合は、代表理事がその旨を証明した上申書を添付するのが実務上の取扱いです。

(5)　**委任状**（法120条、商登法18条）

　代理人によって登記を申請する場合は、代理権限を証する書面として、申請人の委任状を添付します。

　なお、議事録等、登記申請書に添付すべき書面が電磁的記録で作成されているときは、当該電磁的記録に記録された情報の内容を記録した電磁的記録（法務省令で定めるものに限る。）を、当該登記申請書に添付しなければなりません（法120条、商登法19条の2）。

第5章　事業、出資1口の金額等の変更登記（Q36）

① 登記申請書の作成例

```
┌─────────────────────────────────────────────┐
│                                             │
│          受付番号票貼付欄（注1）              │
│                                             │
│                                             │
└─────────────────────────────────────────────┘


              漁業協同組合変更登記申請書

  1  名       称      わかしお漁業協同組合
  1  主たる事務所     ○○県わかしお市美浜町100番地10
  1  登記の事由       出資1口の金額減少による払込済出資額の総
                      額の変更
  1  登記すべき事項   平成○○年○月○日変更（注3）
       （注2）        出資1口の金額　金800円
                      払込済出資総額　金○億円（注4）
  1  認可書到達の年月日　平成○○年○月○日（注5）
  1  添 付 書 類      総会議事録　　　　1通（注6）
                      定款変更認可書　　1通（注7）
                      債権者に対する公告、催告を
                      したことを証する書面　　○通（注8）
                      異議債権者に対する弁済を
                      証する書面　　　　　　　○通（注9）
                    ⎡異議債権者を害するおそれが⎤
                    ⎢ないことを証する書面       ⎥○通（注10）
                    ⎢異議債権者がいないことの   ⎥
                    ⎣上申書                    ⎦1通（注11）
                      委任状　　1通（注12）

     上記のとおり登記の申請をします。

              〈以下　略〉（注13）
```

（注1）提出を受けた登記所の手続に必要な欄として、登記申請書の初葉の最上部に縦の辺の長さ4cm程度の余白を設けるのが、登記実務上の取扱いです。

87

(注2) 本作成例は、登記申請書に直接記載する方法を採った場合です。その他の登記事項の提出方法は、Q 18 の3を参照してください。
(注3) 定款変更認可書が到達した日又は出資1口の金額減少の手続完了日のどちらか遅い年月日を記載します。
(注4) Q 34 の2(4)の留意点を参照してください。
(注5) 定款変更認可書が到達した年月日を記載します。
(注6) 総会議事録の作成例は、本問の②を参照してください。
(注7) 定款変更認可書を添付します。なお、定款変更認可書の写しに「原本に相違がない」旨を記載し、原本とともに提出すると、原本は還付を受けることができます（法登規則5条、商登規則49条）。
(注8) 公告文の作成例はQ 35 の①を、催告書の作成例はQ 35 の②を参照してください。
(注9) 異議申述書の作成例は本問の③を、受領書の作成例は本問の④を参照してください。
(注10) 異議債権者を害するおそれがないことの証明書の作成例は、本問の⑤を参照してください。
(注11) 異議を述べた債権者がいないことの上申書（本問3(4)なお書を参照）の作成例は、本問の⑥を参照してください。
(注12) 登記申請を代理人に委任する場合は、委任状の添付が必要です。作成例は、Q 25 の⑪を参照され、委任事項の「設立の登記」を「出資1口の金額減少による払込出資額の総額変更の登記」に変更してください。
(注13) Q 25 の①及び（注17）以下、Q 26 の①及び（注6）（注7）を参照してください。

② 総会議事録の作成例

```
臨 時 総 会 議 事 録
```

〈中　略〉(注)

7　議事の経過要領及びその結果
　第1号議案　出資1口の金額の減少
　　　議長は、当組合の組合員の負担軽減のため、未払込出資金1口につき、金200円を免除し、当組合の出資1口の金額を金800円とすることとしたい旨を議場に諮ったところ、満場一致をもって異議なく、これを可決した。

　第2号議案　出資1口の金額の減少に伴う定款変更
　　　議長は、第1号議案が可決されたことを受け、当組合の定款第○条第1項を次のとおり変更したい旨を議場に諮ったところ、満場一致をもって異議なく、これを可決した。
　「(出資1口の金額及び払込方法)
　　　第○条　出資1口の金額は、金800円とし、全額一時払込みとする。」

　議長は、以上をもって、第○回臨時総会の議案の審議の全てが終了したので、午前○時○分に閉会の宣言をし、散会した。

　上記の経過及び結果を明らかにするため、この議事録を作成する。

　平成○○年○月○日
　　　　　　　　　　議事録作成者
　　　　　　　　　　わかしお漁業協同組合
　　　　　　　　　　　代表理事　　海　野　磯　夫 (注)

(注)　Q29の③を参照してください。

③　異議申述書の作成例

異　議　申　述　書

　平成○○年○月○日開催の第○回臨時総会における議決に基づき、出資1口の金額を減少することにつき、平成○○年○月○日付け催告書をもって異議申出の催告を受けましたが、私は、異議があるので、水産業協同組合法第54条第2項の規定に基づき、次のとおり申し述べます。

　貴組合に対する全ての債権額金○○○○円を平成○○年○月○日までに弁済されたい。

　　平成○○年○月○日

　　　　　　　　　　　　　　　○○県しおさい市月見町210番地21
　　　　　　　　　　　　　　　　　債　権　者　　出　世　鮎　造　㊞

　わかしお漁業協同組合
　　代表理事　海　野　磯　夫　　殿

④　受領書の作成例

受　領　書

1　金○○○○円也　ただし、○○の売掛代金
　貴組合の出資1口の金額を減少することにつき、平成○○年○月○日付け異議申述書をもって異議があることを述べたところ、本日、上記金額の弁済を受け、正に受領しました。

　　平成○○年○月○日

　　　　　　　　　　　　　　　○○県しおさい市月見町210番地21
　　　　　　　　　　　　　　　　　債　権　者　　出　世　鮎　造　㊞

　わかしお漁業協同組合
　　代表理事　海　野　磯　夫　　殿

⑤ 異議債権者を害するおそれがないことの証明書の作成例

証　明　書（注）

　平成○○年○月○日開催の第○回臨時総会における議決に基づく出資1口の金額減少することについての公告又は催告に対して異議を述べた債権者出世鮎造については、下記のとおり、その債権の弁済期における弁済が確実であり、出資1口の金額を減少しても同債権者を害するおそれがないことを証明します。

記

1　債権者出世鮎造が有する債権
　　　債　権　額　　金○○○○円
　　　弁　済　期　　平成○○年○月○日
　　　担保の有無　　有（又は無）
2　資産状況等　　財産目録及び貸借対照表のとおり

　平成○○年○月○日

　　　　　　　　　　　　　わかしお漁業協同組合
　　　　　　　　　　　　　代表理事　海野　磯夫　㊞

（注） 異議債権者を害するおそれがないことを証する書面に、どのようなものが該当するかは一概にはいえませんが、①抵当権が設定された不動産登記事項証明書、②当該組合の財産状況や事業実績を示した計算書類等が該当し、これらを本証明書に添付します（平成9年9月19日民四第1709号民事局長通達）。

⑥　異議を述べた債権者がいないことの上申書の作成例

上　申　書

　平成○○年○月○日開催の第○回臨時総会における議決により、出資1口の金額を減少することについて、水産業協同組合法第53条第2項の規定に基づき、債権者に対して公告及び催告をしましたが、所定の期間内に異議を述べた債権者はいませんでした。
　以上のことを上申します。

　　　平成○○年○月○日

　　　　　　　　　　　　　　　　わかしお漁業協同組合
　　　　　　　　　　　　　　　　　代表理事　海　野　磯　夫　㊞

Q37

出資払込みの方法を変更したときの登記手続について、教えてください。

　出資組合の出資払込みの方法は、定款の絶対的記載事項ですので（Q24の1(1)カを参照）、出資払込みの方法を変更する場合には定款変更の手続を経て（Q28を参照）、主たる事務所の所在地において変更の登記をしなければなりません（Q17の2を参照）。

　なお、出資払込みの方法は、従たる事務所の所在地における登記事項ではありませんので（Q16を参照）、同所在地において出資払込みの方法の変更の登記をする必要はありません。

　登記手続は、次のとおりです。

1　登記期間

　主たる事務所の所在地においてする変更の登記は、出資払込みの方法に変更が生じ、出資払込みの方法の変更に係る定款変更に対する行政庁の認可書が到達したときから2週間以内にしなければなりません（法102条1項、119条）。

　なお、この期間内に登記することを怠ったときは、50万円以下の過

料に処せられることがあります（法130条1項54号）。
2　**申請人**
漁協組合を代表する代表理事1人が申請人になります。
3　**添付書類**
登記事項である出資払込みの方法の変更を証する書面を添付しなければなりません（法116条1項）。
(1)　**総（代）会議事録**
　　定款変更の議決が適正に行われ、変更された出資払込みの方法を証するために添付します。なお、総代会において定款の変更を議決したときは、定款の規定に従って議決していることを証するために定款をも添付します。
(2)　**定款変更認可書**（法120条、商登法19条）
　　出資払込み方法の変更に係る定款の変更は行政庁の認可を受けなければならないとされていますので（Q28の2を参照）、この認可を受けていることを証するために添付します。また、登記期間の起算日を示す書面にもなります。
(3)　**委任状**（法120条、商登法18条）
　　代理人によって登記を申請する場合は、代理権限を証する書面として、申請人の委任状を添付します。
　なお、議事録等、登記申請書に添付すべき書面が電磁的記録で作成されているときは、当該電磁的記録に記録された情報の内容を記録した電磁的記録（法務省令で定めるものに限る。）を、当該登記申請書に添付しなければなりません（法120条、商登法19条の2）。

① 登記申請書の作成例

```
┌─────────────────────────────────────────────┐
│                                             │
│          受付番号票貼付欄（注1）              │
│                                             │
│                                             │
└─────────────────────────────────────────────┘

                漁業協同組合変更登記申請書

    1  名      称      わかしお漁業協同組合
    1  主たる事務所    ○○県わかしお市美浜町 100 番地 10
    1  登記の事由      出資払込みの方法の変更
    1  登記すべき事項  平成○○年○月○日変更（注2）
       「出資払込の方法」 3回分割払込
    1  認可書到達の年月日 平成○○年○月○日（注3）
    1  添付書類        総会議事録      1通（注4）
                       定款変更認可書  1通（注5）
                       委任状          1通（注6）

    上記のとおり登記の申請をします。

               〈以下　略〉（注7）
```

（注1）提出を受けた登記所の手続に必要な欄として、登記申請書の初葉の最上部に縦の辺の長さ4cm程度の余白を設けるのが、登記実務上の取扱いです。
（注2）定款変更認可書が到達した年月日を記載します。
（注3）登記期間の起算日として、定款変更認可書が到達した年月日を記載します（本問の1を参照）。
（注4）総会議事録の作成例は、本問の②を参照してください。
（注5）定款変更認可書を添付します。なお、定款変更認可書の写しに「原本に相違がない」旨を記載し、原本とともに提出すると、原本は還付を受けることができます（法登規則5条、商登規則49条）。
（注6）登記申請を代理人に委任する場合は、委任状の添付が必要です。作成例は、Q 25の⑪を参照され、委任事項の「設立の登記」を「出資払込みの方法の変更の登記」に変更してください。

第5章　事業、出資1口の金額等の変更登記（Q37）

（注7）Q 25 の①及び（注 17）以下、Q 26 の①及び（注 6）（注 7）を参照してください。

② 総会議事録の作成例

臨 時 総 会 議 事 録

〈中　略〉（注）

　7　議事の経過要領及びその結果
　　　議案　出資払込みの方法の変更に伴う定款変更
　　　　議長は、当組合の定款第○○条第1項を次のとおり変更をしたい旨を議場に諮ったところ、満場一致をもって異議なく、これを可決した。
　　「（出資1口の金額及び払込方法）
　　　　第○○条　出資1口の金額は、金 800 円とし、3回分割払込みとする。」

　議長は、以上をもって、本総会の議案の審議の全てが終了したので、午後○時○分に閉会の宣言をし、散会した。

　上記の経過及び結果を明らかにするため、この議事録を作成する。

　　平成○○年○月○日

　　　　　　　　　　　　議事録作成者
　　　　　　　　　　　　　わかしお漁業協同組合
　　　　　　　　　　　　　　代表理事　海　野　磯　夫（注）

（注）Q 29 の③を参照してください。

Q38

出資の口数を変更し、出資の総口数及び払込済出資額の総額が変更されたときの登記手続について、教えてください。

　出資組合の出資の総口数及び払込済出資額の総額は、定款の記載事項ではありませんので（Q24を参照）、これらを変更したとしても定款の変更を伴いません。

　しかし、これらは、出資組合の債権者にとって重要な事項ですので、登記事項であり（Q15の6を参照）、これらに変更が生じたときはその登記をしなければなりません（Q17の2を参照）。また、これらの事項は、Q36及びQ37と関連する事項ですので、本章は定款の変更を伴うものを説明する箇所ですが、本章において説明することとします。

　なお、出資の総口数及び払込済出資額の総額は、従たる事務所の所在地における登記事項ではありませんので（Q16を参照）、同所在地においてこれらの事項の変更の登記をする必要はありません。

　登記手続は、次のとおりです。

1　登記期間

　出資の総口数及び払込済出資額の総額の変更の登記は、毎事業年度末日現在により、事業年度終了後4週間以内に、主たる事務所の所在地においてすることができます（法102条2項）。

　なお、この期間内に登記することを怠ったときは、50万円以下の過料に処せられることがあります（法130条1項54号）。

2　申請人

　漁協組合を代表する代表理事1人が申請人になります。

3　添付書類

　登記事項である出資の総口数及び払込済出資額の総額の変更を証する書面として（法116条1項）、監事の証明書を添付します。なお、出資組合が出資口数等の変更登記申請をする場合、変更を証する書面は、監事の証明書のみで足り、その資格を証する書面の添付は要しません（昭和40年2月19日民事四発第61号民事局第四課長電報回答）。

第5章　事業、出資1口の金額等の変更登記（Q38）

① 登記申請書の作成例

```
┌─────────────────────────────────────────────┐
│                                             │
│         受付番号票貼付欄（注1）              │
│                                             │
│                                             │
│                                             │
│                                             │
│         漁業協同組合変更登記申請書           │
│                                             │
│  1  名      称     わかしお漁業協同組合      │
│  1  主たる事務所   ○○県わかしお市美浜町100番地10 │
│  1  登 記 の 事 由  出資口数の増加（減少）による出資の総口数及び │
│                    払込済出資額の総額の変更  │
│  1  登記すべき事項  平成○○年○月○日変更    │
│                    出資の総口数　　○○万○○○○口 │
│                    払込済出資総額　○○億○○○○万○○○○円 │
│  1  添  付  書  類  証明書　　1通（注2）     │
│                    委任状　　1通（注3）     │
│                                             │
│    上記のとおり登記の申請をします。          │
│                                             │
│              〈以下　略〉（注4）             │
│                                             │
└─────────────────────────────────────────────┘
```

（注1）提出を受けた登記所の手続に必要な欄として、登記申請書の初葉の最上部に縦の辺の長さ4cm程度の余白を設けるのが、登記実務上の取扱いです。

（注2）監事の証明書の作成例は、本問の②を参照してください。

（注3）登記申請を代理人に委任する場合は、委任状の添付が必要です。作成例は、Q25の⑪を参照され、委任事項の「設立の登記」を「出資口数の増加（減少）による出資の総口数及び払込済出資額の総額の変更の登記」に変更してください。

（注4）Q25の①及び（注17）以下、Q26の①及び（注6）（注7）を参照してください。

② 証明書の作成例

　　　　　　　　　　証　　明　　書

　当組合の平成○○年○月○○日現在における出資の総口数及び払込済出資額の総額は、下記のとおりであることを証明します。
　　　　　　　　　　　　　記
1　出資の総口数
　　　　○○○口を増加（減少）し、○○万○○○○口
2　払込済みの出資の総額
　　　　○○万○○○○円が増加（減少）し、○○億○○○○万○○○○円

　平成○○年○月○日
　　　　　　　　　　　○○県わかしお市美浜町 100 番地 10
　　　　　　　　　　　わかしお漁業協同組合
　　　　　　　　　　　　　監　　事　　海　苔　黒　司　㊞

第6章
事務所の移転等の登記

第1　主たる事務所の移転

Q39
主たる事務所を移転する手続について、説明してください。

　主たる事務所の所在地は、定款の絶対的記載事項ですが（Q24の1(1)エを参照）、主たる事務所を移転する手続においては、定款に主たる事務所の所在地をどのように記載しているのかによって、定款の変更を要しない場合と要する場合とに分かれます。

1　定款の変更を要しない場合

　定款の絶対的記載事項である事務所の所在地の「所在地」とは、最小行政区画である市区町村名（例：○○県○○市）まで定めて、○丁目○番○号や○○番地という所在場所までは定めなくとも差し支えないことから（Q24の1(1)エを参照）、ほとんどの定款は、例えば「この組合は、主たる事務所を○○県わかしお市に置く。」との記載にとどめています。このような組合が○○県わかしお市内の別の場所に主たる事務所を移転するとしても、定款の記載内容である「○○県わかしお市に置く。」には影響しないので、定款の変更をする必要はありません。

　したがって、定款を変更するために必要な総会を開催する必要はなく、具体的な主たる事務所の移転場所（○丁目○番○号）及び移転年月日を決定する理事会を開催するのみで足りることになります。

2　定款の変更を要する場合

(1)　定款に主たる事務所の所在場所まで記載している場合

　定款に「この組合は、主たる事務所を○○県わかしお市美浜町100番地10に置く。」というように所在場所まで記載している場合に、例えば「わかしお市新港一丁目11番73号」に移転するときは、同じわ

かしお市内の移転であっても、「美浜町から新港一丁目」に移転するため、定款の変更が伴うので、このために必要な総会での特別議決及び理事会での具体的な移転場所等の決定をし、行政庁に対する定款変更の認可申請をしなければなりません（Q 28 を参照）。
(2) 定款で定めた最小行政区画以外の所在地に移転する場合
　　定款に上記1と同じく「この組合は、主たる事務所を○○県わかしお市に置く。」との記載にとどめているとしても、この最小行政区画以外の所在地に移転する場合は、定款の記載内容を、例えば「…○○県しおさい市に置く。」との記載に変更する必要がありますので、上記(1)と同様に、総会での特別議決、理事会での決定及び定款変更の認可申請をしなければなりません。

Q40
主たる事務所を移転したときに申請すべき登記所について、教えてください。

　主たる事務所を移転したときは、主たる事務所の所在場所は登記事項ですので（Q 15 の 2 を参照）、移転後の新たな主たる事務所（以下「新・主たる事務所」という。）の所在場所を登記しなければなりません。
　この登記手続として、どこの登記所に、どのような申請をするかについては、①新・主たる事務所の所在地を管轄する登記所と移転前の旧の主たる事務所（以下「旧・主たる事務所」という。）の所在地を管轄する登記所との関係、②従たる事務所の有無、及び従たる事務所の所在地を管轄する登記所と新・旧・主たる事務所の所在地を管轄する登記所との関係によって、異なります。
1　新・旧・主たる事務所の所在地を管轄する登記所の関係
(1)　新・主たる事務所の所在地を管轄する登記所が旧・主たる事務所の所在地を管轄する登記所と同じである場合（同一登記所の場合）
　　多くの登記所の管轄区域は、最小行政区画単位ごとに区分されていますので、Q 39 の 2(1)のように、同じわかしお市内において主たる事務所を移転するような場合には、管轄登記所は同じ登記所になりま

す。

　また、多くの法務局又は地方法務局においては、法人の事務所の所在地を管轄する区域を、その府県内に1から4登記所程度に集中させて、管轄区域の拡大をしていますので（Q18の1の法務局のホームページを参照）、Q39の2(2)のように、同じ○○県であれば、例えば、「わかしお市」から「しおさい市」に移転したとしても、管轄登記所が変わることが少なくなっています。

(2)　新・主たる事務所の所在地を管轄する登記所が旧・主たる事務所の所在地を管轄する登記所と異なる場合（異なる登記所の場合）

　北海道にある札幌法務局及び函館・旭川・釧路の各地方法務局を除く法務局又は地方法務局の管轄区域は、都府県単位に区分されていますので、同じ都府県内での主たる事務所の移転の場合であって、かつ、その都府県内に1つの管轄登記所のみであれば、上記(1)の同一登記所の場合となります。また、札幌法務局、函館地方法務局及び旭川地方法務局においても、法人登記を管轄する登記所は、その管轄区域内に1つのみですので、この管轄区域内の主たる事務所の移転であれば、市区町村を越える移転であっても、上記(1)の同一登記所の場合となります。

　しかし、都府県内の主たる事務所の移転であっても、その都府県内に複数の管轄登記所がある場合には（東京・大阪・名古屋・福岡・仙台法務局、横浜・静岡・盛岡・釧路地方法務局（平成25年12月1日現在））、新・主たる事務所の所在地を管轄する登記所が、旧・主たる事務所の所在地を管轄する登記所とは別である場合があります。

　以上、新・主たる事務所の所在地を管轄する登記所が、どこの登記所になるかは、法務局のホームページをご覧ください（Q18の1を参照）。

2　従たる事務所の有無及び管轄登記所との関係

　主たる事務所の所在場所は、従たる事務所の所在地においてする登記事項でもありますので（Q16を参照）、従たる事務所を設置している水産組合は、従たる事務所の所在地においても、主たる事務所の移転の登記をしなければなりません。

　この場合、従たる事務所の所在地を管轄する登記所が、①旧・主たる事務所又は新・主たる事務所の所在地を管轄する登記所の場合と、この

①の登記所以外の登記所の場合とで、登記手続が異なります。
以上の関係をまとめると、以下の表のとおりです。

旧・主たる事務所	新・主たる事務所	従たる事務所	パターン
A登記所	A登記所	な　し	A
A登記所	A登記所	A登記所	A
A登記所	A登記所	C登記所	B
A登記所	B登記所	な　し	C
A登記所	B登記所	A登記所	C
A登記所	B登記所	B登記所	C
A登記所	B登記所	C登記所	D

なお、上記1のとおり、管轄登記所が府県内に1箇所となっている状況が多いことなどから、組合はパターンAがほとんどですが、連合会は様々なパターンになると思います。以下、第6章においては漁協組合を例として説明します。

Q41 主たる事務所の所在地を管轄する登記所が移転前と移転後とで同一の登記所の場合における主たる事務所の移転の登記手続について、教えてください。

　同一の登記所の管轄区域内において主たる事務所を移転した場合には、その登記所に主たる事務所の移転の登記申請をするのみで足ります（Q40のパターンA）。
　ただし、主たる事務所の所在地を管轄する登記所以外の登記所の管轄区域内に従たる事務所がある場合には、その従たる事務所の登記をしている登記所にも主たる事務所の移転の登記を申請しなければなりません（Q40のパターンB。Q16、Q19の2(3)を参照）。
　登記手続は、次のとおりです。
1　登記期間
　　主たる事務所を移転して事務所の所在場所に変更が生じたときは、2週間以内に主たる事務所の所在地において、その変更の登記をしなけれ

ばなりません（法102条1項）。また、上記ただし書の場合には、3週間以内に当該従たる事務所の所在地において主たる事務所の所在場所の変更の登記をしなければなりません（法110条3項）。

　なお、これらの期間内に登記することを怠ったときは、50万円以下の過料に処せられることがあります（法130条1項54号）。

2　申請人
漁協組合を代表する代表理事1人が申請人になります。

3　添付書類
主たる事務所の移転に係る登記事項の変更を証する書面を添付しなければなりません（法116条1項）。

(1) 定款の変更を要しない場合
ア　理事会議事録
理事会は漁協組合の業務執行を決定する機関ですので、主たる事務所の移転場所及び移転時期について決定した理事会議事録を添付します。

イ　委任状（法120条、商登法18条）
代理人によって登記を申請する場合は、代理権限を証する書面として、申請人の委任状を添付します。

(2) 定款の変更を要する場合
上記(1)の添付書類のほか、以下の書類を添付します。

ア　総（代）会議事録
定款変更の議決が適正に行われ、主たる事務所の移転後の所在地を証するために添付します。なお、総代会において定款の変更を議決したときは、定款の規定に従って議決していることを証するために定款をも添付します。

イ　定款変更認可書（法120条、商登法19条）
事務所の移転に係る定款の変更は行政庁の認可を受けなければならないとされていますので（Q28の2を参照）、この認可を受けていることを証するために添付します。

なお、議事録等、登記申請書に添付すべき書面が電磁的記録で作成されているときは、当該電磁的記録に記録された情報の内容を記録した電磁的記録（法務省令で定めるものに限る。）を、当該登記申請書に添付し

なければなりません（法120条、商登法19条の2）。

Q40のパターンA又はB
① 登記申請書の作成例

受付番号票貼付欄（注1）

漁業協同組合主たる事務所移転登記申請書

```
1 名        称     わかしお漁業協同組合
1 主 た る 事 務 所   ○○県わかしお市美浜町100番地10（注2）
⎡1 従 た る 事 務 所   ○○県しおさい市月見町200番地20      ⎤
⎣      （注3）      管轄登記所　○○地方法務局○○支局   ⎦
1 登 記 の 事 由    主たる事務所の移転
1 登 記 す べ き 事 項  平成○○年○月○日主たる事務所移転
      （注4）      ○○県わかしお市新港一丁目11番73号（注5）
⎡1 登 記 手 数 料    金300円                      ⎤
⎣      （注6）      従たる事務所の所在地登記所数　1庁 ⎦
1 認可書到達の年月日  平成○○年○月○日（注7）
1 添 付 書 類      理事会議事録    1通（注8）
                  委任状        1通（注9）
               ⎡ 総会議事録     1通 ⎤（注10）
               ⎣ 定款変更認可書   1通 ⎦（注11）
```

　上記のとおり登記の申請をします。
　　平成○○年○月○日

　　　　　　　　○○県わかしお市新港一丁目11番73号（注12）
　　　　　　　　申　請　人　　わかしお漁業協同組合

　　　　　　　　〈以下　略〉（注13）

(注1) 提出を受けた登記所の手続に必要な欄として、登記申請書の初葉の最上部に縦の辺の長さ4cm程度の余白を設けるのが、登記実務上の取扱いです。
(注2) 旧・主たる事務所の所在場所を記載します。
(注3) Q40のパターンBの場合に記載します。
(注4) 本作成例は、登記申請書に直接記載する方法を採った場合です。その他の登記すべき事項の提出方法は、Q18の3を参照してください。
(注5) 理事会議事録に記載された主たる事務所の移転の年月日及び新・主たる事務所の所在場所を記載します。
(注6) Q40のパターンBの場合において、主従一括申請によって申請する場合です（Q19の1及び2(3)を参照）。わかしお漁協は従たる事務所が○○県しおさい市に1つあるのみですので、この場合には、1件につき300円の手数料を収入印紙で納付します。また、○○地方法務局○○支局以外の支局等にも従たる事務所を複数設置している場合は、1庁当たり300円にその庁数を乗じた（300円×庁数＝）金額の収入印紙を納付します。

なお、現在、登記印紙は販売されていませんが、当分の間、登記印紙による納付も認められ、また、収入印紙と登記印紙の併用による納付も可能です。これらの印紙は、未使用の（消印、割印等をしていない）ものを登記申請書と契印した別紙又は登記申請書の余白部分に貼付します。
(注7) 定款の変更を要する場合には（Q39の2を参照）、定款変更認可書が到達した年月日を記載します。
(注8) 理事会議事録の作成例は、本問の②を参照してください。
(注9) 登記申請を代理人に委任する場合は、委任状の添付が必要です。作成例は、Q25の⑪を参照され、委任事項の「設立の登記」を「主たる事務所移転の登記」に変更してください。
(注10) 定款の変更を要する場合に添付します。総会議事録の作成例は、本問の③を参照してください。
(注11) 定款の変更を要する場合に添付します。定款変更認可書を添付します。なお、定款変更認可書の写しに「原本に相違がない」旨を記載し、原本とともに提出すると、原本は還付を受けることができます（法登規則5条、商登規則49条）。
(注12) 新・主たる事務所の所在場所を記載します。
(注13) Q25の①及び（注17）以下、Q26の①及び（注6）（注7）を参照してください。

② 理事会議事録の作成例

理 事 会 議 事 録

〈中　略〉(注)

8　主たる事務所の移転の件
　　議長は、主たる事務所を移転することにつき議場に諮ったところ、満場一致をもって異議なく、これを可決した。
　　　主たる事務所　〇〇県わかしお市新港一丁目 11 番 73 号
　　　移　転　日　平成〇〇年〇月〇日

〈以下　略〉(注)

(注) Q 25 の⑤を参照してください。

③ 総会議事録の作成例

臨 時 総 会 議 事 録

〈中　略〉(注)

7　議事の経過要領及びその結果
　　議案　主たる事務所の移転に伴う定款変更の件
　　　議長は、当組合の主たる事務所を移転し、定款第〇条を次のとおり変更をしたい旨を議場に諮ったところ、満場一致をもって異議なく、これを可決した。
　「(事務所)
　　第〇条　この組合は、主たる事務所を〇〇県わかしお市新港一丁目
　　　　　 11 番 73 号に置き、従たる事務所を〇〇県しおさい市月見町
　　　　　 200 番地 20 に置く。」

〈以下　略〉(注)

(注) Q 29 の③を参照してください。

Q42

移転した主たる事務所の所在地を管轄する登記所が移転前と異なる登記所の場合における主たる事務所の移転の登記手続について、教えてください。

　移転前の登記所の管轄区域以外に主たる事務所を移転した場合には、①旧・主たる事務所の所在地を管轄する登記所に提出する登記申請書と、②新・主たる事務所の所在地を管轄する登記所に提出する登記申請書とを各1通作成して、双方の登記申請書を同時に旧・主たる事務所の所在地を管轄する登記所に提出しなければなりません。また、これらの登記申請書とともに、印鑑届書も同様に旧・主たる事務所の所在地を管轄する登記所を経由して提出します（法120条、商登法51条1項・2項）。印鑑届書については、Q25の4を参照してください。

　これらの登記申請書を受け付けた旧・主たる事務所の所在地を管轄する登記所においては、申請に不備がないときは、上記②の登記申請書及び添付書面を新・主たる事務所の所在地を管轄する登記所に送付します。送付を受けた新・主たる事務所の所在地を管轄する登記所は、当該登記をした旨を旧・主たる事務所の所在地を管轄する登記所に通知します。旧・主たる事務所の所在地を管轄する登記所においては、この通知を受けるまで上記①の登記をすることができず、この通知を受けると、旧・主たる事務所の所在地を管轄する登記所に従たる事務所の登記がない限り、登記記録は閉鎖されます（法登規則5条、商登規則65条4項）。また、新・主たる事務所の所在地を管轄する登記所において上記②の申請を却下したときは、上記①の申請は却下されたものとみなされます（法120条、商登法52条5項、24条12号）。以上の手続の流れは、次頁の図のとおりです。

　なお、旧・主たる事務所及び新・主たる事務所の所在地を管轄する登記所以外の登記所の管轄区域内に従たる事務所がある場合には、その従たる事務所の登記をしている登記所にも主たる事務所の移転の登記を申請しなければなりません（Q16、主従一括申請の場合はQ19の1・2(3)を参照）。

【事務所の移転登記】

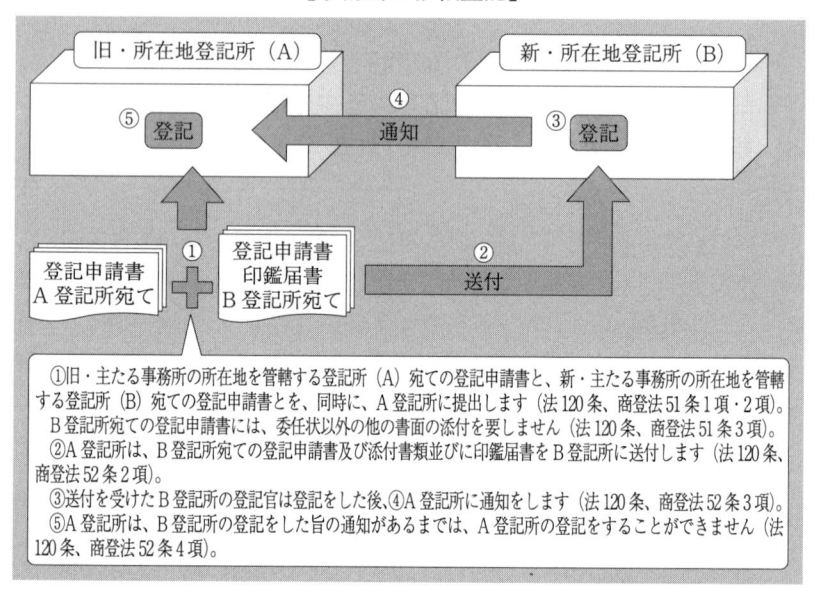

```
┌──────────────────┐         ┌──────────────────┐
│ 旧・所在地登記所（A）│  ④通知  │ 新・所在地登記所（B）│
│    ⑤登記         │◀────────│    ③登記         │
└──────────────────┘         └──────────────────┘
         ▲                            ▲
         │①                           │
    ┌─────────┐  ┌──────────┐  ②送付
    │登記申請書│  │登記申請書 │─────────▶
    │A登記所宛て│ │印鑑届書  │
    │         │  │B登記所宛て│
    └─────────┘  └──────────┘
```

①旧・主たる事務所の所在地を管轄する登記所（A）宛ての登記申請書と、新・主たる事務所の所在地を管轄する登記所（B）宛ての登記申請書とを、同時に、A登記所に提出します（法120条、商登法51条1項・2項）。B登記所宛ての登記申請書には、委任状以外の他の書面の添付を要しません（法120条、商登法51条3項）。
②A登記所は、B登記所宛ての登記申請書及び添付書類並びに印鑑届書をB登記所に送付します（法120条、商登法52条2項）。
③送付を受けたB登記所の登記官は登記をした後、④A登記所に通知をします（法120条、商登法52条3項）。
⑤A登記所は、B登記所の登記をした旨の通知があるまでは、A登記所の登記をすることができません（法120条、商登法52条4項）。

登記手続は、次のとおりです。

1 **登記期間**

　主たる事務所を他の登記所の管轄区域内に移転したときは、2週間以内に旧所在地においては移転の登記をし、新所在地においては旧所在地における登記事項（法101条2項各号）等を登記しなければなりません（法103条）。

　また、上記なお書の場合には、3週間以内に、当該従たる事務所の所在地において、主たる事務所の所在場所の変更の登記をしなければなりません（法110条2項・3項）。

　なお、これらの期間内に登記することを怠ったときは、50万円以下の過料に処せられることがあります（法130条1項54号）。

2 **申請人**

　漁協組合を代表する代表理事1人が申請人になります。

3 **登記事項**

(1) **旧所在地における登記**

　移転年月日及び新・主たる事務所の所在場所を登記します。

(2) 新所在地における登記
　ア　主たる事務所の移転の登記時において、旧・主たる事務所の所在地を管轄する登記所に登記されている登記事項（法101条2項各号、103条）
　イ　組合の成立年月日並びに主たる事務所を移転した旨及びその年月日（法120条、商登法53条）
　ウ　代表理事の就任（又は登記記録により重任）の年月日（法登規則5条、商登規則65条2項）

4　添付書類
　主たる事務所の移転に係る登記事項の変更を証する書面を添付しなければなりません（法116条1項）。
　本問のように、移転前の登記所の管轄区域以外に主たる事務所を移転する場合は、定款に記載した最小行政区画を越えての移転ですので、必ず定款の変更が生じることとなります。

(1) 旧・主たる事務所の所在地を管轄する登記所に提出する登記申請書
　ア　総（代）会議事録
　　　定款変更の議決が適正に行われ、主たる事務所の移転後の所在地を証するために添付します。なお、総代会において定款の変更を議決したときは、定款の規定に従って議決していることを証するために定款をも添付します。
　イ　理事会議事録
　　　理事会は組合の業務執行を決定する機関ですので、主たる事務所の移転場所及び移転時期について決定した理事会議事録を添付します。
　ウ　定款変更認可書（法120条、商登法19条）
　　　事務所の移転に係る定款の変更は行政庁の認可を受けなければならないとされていますので（Q28の2を参照）、この認可を受けていることを証するために添付します。
　エ　委任状（法120条、商登法18条）
　　　代理人によって登記を申請する場合は、代理権限を証する書面として、申請人の委任状を添付します。
　　　なお、議事録等、登記申請書に添付すべき書面が電磁的記録で作成

されているときは、当該電磁的記録に記録された情報の内容を記録した電磁的記録（法務省令で定めるものに限る。）を、当該登記申請書に添付しなければなりません（法120条、商登法19条の2）。

(2) 上記(1)の登記所を経由して新・主たる事務所の所在地を管轄する登記所に提出する登記申請書

代理人によって登記を申請する場合の委任状以外の書面の添付は必要ありません（法120条、商登法51条3項）。

Q40のパターンC
① 登記申請書の作成例：旧・主たる事務所の所在地を管轄する登記所に提出するもの

受付番号票貼付欄（注1）

漁業協同組合主たる事務所移転登記申請書

1　名　　　　称　　　わかしお漁業協同組合
1　主たる事務所　　　○○県わかしお市美浜町100番地10（注2）
1　登記の事由　　　　主たる事務所の移転
1　登記すべき事項　　平成○○年○月○日主たる事務所移転を○○
　　　（注3）　　　　県しおさい市希望が浜三丁目3番3号に移転
　　　　　　　　　　　　　　　　　　　　　　　　　　　　（注4）
1　認可書到達の年月日　平成○○年○月○日（注5）
1　添　付　書　類　　総会議事録　　　1通（注6）
　　　　　　　　　　　理事会議事録　　1通（注7）
　　　　　　　　　　　定款変更認可書　1通（注8）
　　　　　　　　　　　委任状　　　　　1通（注9）

〈以下　略〉（注10）

第6章　事務所の移転等の登記（Q42）

(注1) 提出を受けた登記所の手続に必要な欄として、登記申請書の初葉の最上部に縦の辺の長さ4cm程度の余白を設けるのが、登記実務上の取扱いです。
(注2) 旧・主たる事務所の所在場所を記載します。
(注3) 本作成例は、登記申請書に直接記載する方法を採った場合です。その他の登記すべき事項の提出方法は、Q18の3を参照してください。
(注4) 理事会議事録に記載された主たる事務所の移転の年月日及び新・主たる事務所の所在場所を記載します。
(注5) 定款変更認可書が到達した年月日を記載します。
(注6) 総会議事録は、Q41の③を参考に作成してください。
(注7) 理事会議事録は、Q41の②を参考に作成してください。
(注8) 定款変更認可書又は行政庁の認証のある謄本を添付します。なお、定款変更認可書の写しに「原本に相違がない」旨を記載し、原本とともに提出すると、原本は還付を受けることができます（法登規則5条、商登規則49条）。
(注9) 登記申請を代理人に委任する場合は、委任状の添付が必要です。作成例は、Q25の⑪を参照され、委任事項の「設立の登記」を「主たる事務所移転の登記」に変更してください。
(注10) Q25の①及び（注17）以下、Q26の①及び（注6）（注7）、Q41の①（注12）を参照してください。

② 登記申請書の作成例：旧・主たる事務所の所在地を管轄する登記所を経由して新・主たる事務所の所在地を管轄する登記所に提出するもの

受付番号票貼付欄（注１）

漁業協同組合主たる事務所移転登記申請書

１　名　　　　称　　　わかしお漁業協同組合
１　主 た る 事 務 所　　○○県しおさい市希望が浜三丁目３番３号
　　　　　　　　　　　　　　　　　　　　　　　　　（注２）
［１　従 た る 事 務 所　　○○県しおさい市月見町200番地20 ］
　　　　　　　　　　　　　　　　　　　　　　　　　（注３）
１　登 記 の 事 由　　主たる事務所の移転
１　登 記 す べ き 事 項　　平成○○年○月○日主たる事務所移転
　　　　　　　　　　　　　　　　　　　　　　　　　（注４）
　　　　　　　　　　　その他の登記事項は、別添登記事項証明書の
　　　　　　　　　　　とおり（注５）
１　認可書到達の年月日　　平成○○年○月○日（注６）
１　添　付　書　類　　委任状　　　　　　１通（注７）

〈以下　略〉（注８）

（注１）提出を受けた登記所の手続に必要な欄として、登記申請書の初葉の最上部に縦の辺の長さ４cm程度の余白を設けるのが、登記実務上の取扱いです。
（注２）新・主たる事務所の所在場所を記載します。
（注３）従たる事務所が新・主たる事務所の所在地を管轄する登記所に登記されている場合に記載します。
（注４）理事会議事録に記載された主たる事務所の移転の年月日及び新・主たる事務所の所在場所を記載します。
（注５）主たる事務所の移転の登記を申請する前の登記事項証明書を、登記申請書と契印して綴ります。登記事項証明書の請求・取得方法は、Q27を参照してください。

なお、この登記の前提として名称の変更等の変更登記をしている場合は、登記事項証明書を引用することができませんので、「登記すべき事項」の欄には「別添CD-Rのとおり」と記載し、登記すべき事項を記載した磁気ディスクを提出する方法等があります。本作成例における磁気ディスクの記録例は、本問の③を参照してください。
(注6) 定款変更認可書が到達した年月日を記載します。
(注7) 登記申請を代理人に委任する場合は、委任状の添付が必要です。作成例は、Q25の⑪を参照され、委任事項の「設立の登記」を「主たる事務所移転の登記」に変更してください。
(注8) Q25の①及び（注17）以下、Q26の①及び（注6）、Q41の①（注12）を参照してください。

③　登記事項を記録した磁気ディスクを提出する場合の登記事項の記録例

```
「名称」わかしお漁業協同組合
「主たる事務所」○○県しおさい市希望が浜三丁目3番3号（注1）
「法人成立の年月日」平成○○年○月○日（注2）
「目的等」
目的及び事業
1　この組合は、組合員のために次の事業を行う。
　(1)　水産資源の管理及び水産動植物の増殖
```
〈中　略〉（注3）
```
「役員に関する事項」
「資格」代表理事
「住所」○○県わかしお市美浜町150番地15
「氏名」海野磯夫
「原因年月日」平成○○年○月○日就任（注4）
```
〈中　略〉（注3）
```
「登記記録に関する事項」
　平成○○年○月○日○○県わかしお市美浜町100番地10から主たる事務所移転
```

(注1) 新・主たる事務所の所在場所を記録します。
(注2) 法人が成立した年月日を記載します（本問の3(2)イを参照）。
(注3) 旧・主たる事務所の所在地において登記した現在有効な登記事項の全てを記載します（本問の3(2)アを参照）。

（注4）原因年月日として、就任（又は登記記録により重任）の年月日を記録します（本問の3⑵ウを参照）。

Q40のパターンD

　従たる事務所の所在地においてする主たる事務所の移転の登記を主従一括申請の方法により申請する場合については（Q19の1及び2⑶を参照）、Q41の①を参照してください。

　ここでは、上記の主従一括申請ではなく、おのおの別個に申請する場合の従たる事務所の所在地を管轄する登記所に、主たる事務所の移転の登記申請をする作成例を示します。

登記申請書の作成例：従たる事務所の所在地を管轄する登記所に直接申請する場合

　　　　　　　受付番号票貼付欄（注1）

　　　　　　漁業協同組合主たる事務所移転登記申請書

1　名　　　　　称　　　わかしお漁業協同組合
1　主 た る 事 務 所　　○○県わかしお市美浜町100番地10（注2）
1　従 た る 事 務 所　　○○県しおさい市月見町200番地20（注3）
1　登 記 の 事 由　　　主たる事務所の移転
1　登 記 す べ き 事 項　別添登記事項証明書のとおり（注4）
1　認可書到達の年月日　平成○○年○月○日（注5）
1　添 付 書 類　　　　　登記事項証明書　　　　1通（注6）

　　　　　　　　　　〈以下　略〉（注7）

（注1）提出を受けた登記所の手続に必要な欄として、登記申請書の初葉の最上部に縦の辺の長さ4cm程度の余白を設けるのが、登記実務上の取扱いです。

(注2) 旧・主たる事務所の所在場所を記載します。
(注3) 登記申請書を提出する登記所に複数の従たる事務所が登記されている場合であっても、このうちの1つの従たる事務所を記載することで足ります。
(注4) 主たる事務所の移転年月日及び新・主たる事務所の所在場所を記載しますが、このように記載しても差し支えありません（法登規則5条、商登規則62条1項）。この場合、主たる事務所の所在地においてした登記を証する書面として、登記事項証明書のうちの現在事項全部証明書又は請求部分を指定した現在事項一部証明書に、引用部分を明らかにするマーク等を施します（法登規則5条、商登規則62条2項）。
(注5) 定款変更認可書が到達した年月日を記載します。
(注6) 登記事項証明書は、登記申請書と契印して綴ります。登記事項証明書の請求・取得方法は、Q27を参照してください。
(注7) Q25の①及び（注17）以下、Q26の①及び（注6）、Q41の①（注12）を参照してください。

第2　従たる事務所の設置等

Q43
従たる事務所を設置する手続について、説明してください。

　漁協組合が、従たる事務所を設置するときに、①定款の変更を要し、その行政庁に対する認可申請の手続が必要な場合と（Q28を参照）、②定款の変更を要しないため、行政庁に対する認可申請の手続も不要な場合があります。

1　定款の変更を要し、行政庁に対する認可申請の手続が必要な場合
 (1)　当該組合にとって、初めて従たる事務所を設置する場合には、事務所の所在地は定款の絶対的記載事項であり（Q24の1(1)エを参照）、定款に従たる事務所の所在地を記載することとなるので、水産業協同組合法48条2項に該当します。
 (2)　また、当該組合にとって、初めての従たる事務所の設置ではないが、従たる事務所の追加設置の場合で、具体的には、例えば、○○県

しおさい市内に設置している従たる事務所のほかに、○○県汐見市内に従たる事務所を設置する場合には、定款にその旨を追加して記載することとなるので、これも水産業協同組合法48条2項に該当します。
(3) さらに、上記の従たる事務所の追加設置で、定款に、例えば、「○○県しおさい市月見町200番地20」と記載していて、このほかに「○○県しおさい市希望が浜4丁目4番4号」に従たる事務所を設置する場合には、定款にその旨を追加して記載することとなるので、これも水産業協同組合法48条2項に該当します。

2 定款の変更を要しないため、行政庁に対する認可申請の手続も不要な場合

上記1(3)の場合であっても、定款に従たる事務所の所在地として最小行政区画である「○○県しおさい市」までの記載にとどめている場合は、同じしおさい市内の従たる事務所の追加設置であっても定款の変更を要しないため、水産業協同組合法48条2項に該当せず、行政庁への認可申請手続は不要です。

なお、この場合であっても、都道府県によっては、何らかの届出をする規定を設けていることがありますので、該当都道府県に照会してください（本章のうち、Q41、Q44、Q45及びQ46においても同じ。）。

Q44

従たる事務所を設置したときの登記手続について、教えてください。

1 登記期間

漁協組合の成立後に従たる事務所を設置したときは、主たる事務所の所在地においては2週間以内に従たる事務所を設置したことの登記をし（法102条1項）、従たる事務所の所在地においては3週間以内に、①名称、②主たる事務所の所在場所、③従たる事務所（その所在地を管轄する登記所の管轄区域内にあるものに限る。）の所在場所を登記しなければなりません（法110条1項2号・2項）。なお、従たる事務所の所在地を管轄する登記所の管轄区域内に更に従たる事務所を設置したときは、当該

登記所には既に①名称及び②主たる事務所の所在場所は登記されているので、③従たる事務所の所在場所のみを登記すれば足ります（法110条2項ただし書）。

これらの期間内に登記することを怠ったときは、50万円以下の過料に処せられることがあります（法130条1項54号）。

2　申請人

漁協組合を代表する代表理事1人が申請人になります。

3　添付書類

従たる事務所の設置を証する書面を添付しなければなりません（法116条1項）。

(1)　**主たる事務所の所在地を管轄する登記所に提出する登記申請書**

　ア　定款の変更を要しない場合

　　㈰　理事会議事録

　　　理事会は組合の業務執行を決定する機関ですので、従たる事務所の設置場所及び設置時期について決定した理事会議事録を添付します。

　　㈪　委任状（法120条、商登法18条）

　　　代理人によって登記を申請する場合は、代理権限を証する書面として、申請人の委任状を添付します。

　イ　定款の変更を要する場合

　　上記アの添付書類のほか、以下の書類を添付します。

　　㈰　総（代）会議事録

　　　定款変更の議決が適正に行われ、設置した従たる事務所の所在地を証するために添付します。なお、総代会において定款の変更を議決したときは、定款の規定に従って議決していることを証するために定款をも添付します。

　　㈪　定款変更認可書（法120条、商登法19条）

　　　従たる事務所の設置に係る定款の変更は行政庁の認可を受けなければならないとされていますので（Q28の2を参照）、この認可を受けていることを証するために添付します。

　　なお、議事録等、登記申請書に添付すべき書面が電磁的記録で作成されているときは、当該電磁的記録に記録された情報の内容を記録し

117

た電磁的記録(法務省令で定めるものに限る。)を、当該登記申請書に添付しなければなりません(法120条、商登法19条の2)。
(2) 従たる事務所の所在地を管轄する登記所に申請する場合の登記申請書

　主たる事務所においてした従たる事務所の設置登記を証する書面として、登記事項証明書を添付すれば足り、他の書面の添付は必要ありません(法120条、商登法48条1項)。登記事項証明書の請求・取得方法は、Q27を参照してください。

① 登記申請書の作成例：既存の従たる事務所の所在地を管轄する登記所の管轄区域内に従たる事務所を追加設置し、主従一括申請の場合

```
               受付番号票貼付欄（注1）
```

漁業協同組合従たる事務所設置登記申請書

```
 1  名       称    わかしお漁業協同組合
 1  主たる事務所    ○○県わかしお市美浜町100番地10
 1  従たる事務所    ○○県しおさい市月見町200番地20
       (注2)      管轄登記所   ○○地方法務局○○支局（注3）
 1  登記の事由     従たる事務所の設置
 1  登記すべき事項   平成○○年○月○日従たる事務所設置（注5）
       (注4)      従たる事務所
                ○○県しおさい市希望が浜四丁目4番4号
 1  登記手数料     金300円（注6）
                従たる事務所所在地登記所数    1庁
 1  添 付 書 類    理事会議事録    1通（注8）
       (注7)      委任状        1通（注9）

                 〈以下　略〉（注10）
```

第6章　事務所の移転等の登記（Q44）

（注１）提出を受けた登記所の手続に必要な欄として、登記申請書の初葉の最上部に縦の辺の長さ４cm程度の余白を設けるのが、登記実務上の取扱いです。
（注２）本作成例は、従たる事務所の所在地においてする登記を、主従一括申請の方法によって申請する場合です（Q 19 の１及び２(4)を参照）。
（注３）本作成例は、わかしお漁協が組合成立時に○○県しおさい市月見町に従たる事務所を設置し、今回、更に同じしおさい市内の希望が浜に従たる事務所を追加設置した場合ですので、従たる事務所の所在地を管轄する登記所は同じ○○地方法務局○○支局で、同支局には既にわかしお漁協の名称及び主たる事務所の所在場所は登記されている例です（Q 25 の①を参照）。

　　当該登記所に初めて従たる事務所の設置登記をする場合については、本問の②を参照してください。
（注４）本作成例は、登記申請書に直接記載する方法を採った場合です。その他の登記すべき事項の提出方法は、Q 18 の３を参照してください。
（注５）理事会議事録に記載された従たる事務所の設置の年月日及び設置した従たる事務所の所在場所を記載します。
（注６）本作成例は、主従一括申請によって申請する場合です（Q 19 の１及び２(4)を参照）。この場合には、１件につき 300 円の手数料を収入印紙で納付します。なお、現在、登記印紙は販売されていませんが、当分の間、登記印紙による納付も認められ、また、収入印紙と登記印紙の併用による納付も可能です。これらの印紙は、未使用の（消印、割印等をしていない）ものを登記申請書と契印した別紙（印紙貼付台紙）又は登記申請書の余白部分に貼付します。
（注７）わかしお漁協の定款が、「従たる事務所を○○県しおさい市に置く」として最小行政区画までの記載にとどめているとした例ですので、定款の変更を要しません。また、行政庁に対する認可申請の手続も不要ですので、これらの手続をしたことを証する書面である総（代）会議事録及び定款変更認可申請書の添付は必要なく、登記申請書に認可書到達の年月日を記載する必要はありません。

　　これらが必要な場合の総会議事録の作成例については、本問の④を参照してください。
（注８）理事会議事録の作成例は、本問の⑤を参照してください。
（注９）登記申請を代理人に委任する場合は、委任状の添付が必要です。作成例は、Q 25 の⑪を参照され、委任事項の「設立の登記」を「従たる事務所設置の登記」に変更してください。
（注10）Q 25 の①及び（注17）以下、Q 26 の①及び（注６）（注７）を参照してください。

② 登記申請書の作成例：主たる事務所又は既存の従たる事務所の所在地を管轄する登記所の管轄区域外に従たる事務所を設置し、主従一括申請ではなく、同登記所に直接申請する場合

受付番号票貼付欄（注１）

漁業協同組合従たる事務所設置登記申請書

1　名　　　　　称　　　わかしお漁業協同組合
1　主 た る 事 務 所　　○○県わかしお市美浜町 100 番地 10
1　従 た る 事 務 所　　○○県汐見市大潮町 500 番地 50（注２）
1　登 記 の 事 由　　　従たる事務所の設置
1　登 記 す べ き 事 項　　別添 CD-R のとおり（注３）
1　認可書到達の年月日　　平成○○年○月○日（注４）
1　添　付　書　類　　　登記事項証明書　　　1 通（注５）

〈中　略〉（注６）

○○地方法務局△△支局　御中（注７）

（注１）提出を受けた登記所の手続に必要な欄として、登記申請書の初葉の最上部に縦の辺の長さ 4 cm 程度の余白を設けるのが、登記実務上の取扱いです。
（注２）申請する登記所の管轄区域内に設置した従たる事務所の所在場所を記載します。
（注３）本作成例は、磁気ディスクを提出する方法を採った場合です。磁気ディスクに関する留意事項は、Q 18 の 3(3)の法務省のホームページをご覧ください。磁気ディスクに記録する登記事項の記録例は、本問の③を参照してください。
　　　その他の登記すべき事項の提出方法は、Q 18 の 3 を参照してください。
（注４）本作成例は、わかしお漁協の成立時からの○○県しおさい市内の従たる事務所のほか、定款に記載されていない○○県汐見市内に追加設置した例ですので、定款の変更を要し、行政庁に対する定款変更の認可申請手続も必要な場合です。定款変更認可書が到達した年月日を記載します。なお、

第6章　事務所の移転等の登記（Q44）

　　　主たる事務所の所在地においてした登記を証する書面（下記（注5）を参照）を添付しているので、他の書面（定款変更認可書）の添付は必要ありません（法120条、商登法48条1項）。
（注5）主たる事務所の所在地においてした従たる事務所の設置の登記を証する書面として、登記事項証明書のうちの現在事項全部証明書又は請求部分を指定した現在事項一部証明書に、引用部分を明らかにするマーク等を施します（法登規則5条、商登規則62条2項）。登記事項証明書の請求・取得方法は、Q27を参照してください。
（注6）Q25の①及び（注17）以下、Q26の①及び（注6）（注7）を参照してください。
（注7）本作成例は、わかしお漁協の成立時からの従たる事務所である○○県しおさい市を管轄する登記所（○○地方法務局○○支局）以外の登記所（○○地方法務局△△支局）の管轄区域である○○県汐見市内に従たる事務所を設置した例です（Q18の1を参照）。
　　　登記所に出向かずに、インターネットを利用したオンラインや郵送によって申請することができます（Q18の2を参照）。

③　登記事項を記録した磁気ディスクを提出する場合の登記事項の記録例

「名称」わかしお漁業協同組合
「主たる事務所」○○県わかしお市美浜町100番地10
「法人成立の年月日」平成○○年○月○日（注1）
「従たる事務所番号」1
「従たる事務所の所在地」○○県汐見市大潮町500番地50
「登記記録に関する事項」平成○○年○月○日従たる事務所設置（注2）

（注1）法人が成立した年月日を記載します（Q42の3(2)イを参照）。
（注2）理事会議事録に記載された従たる事務所の設置の年月日を記載します。

④ 総会議事録の作成例

臨 時 総 会 議 事 録

〈中　略〉　Q 29 の③を参照してください。

7　議事の経過要領及びその結果
　　議案　従たる事務所の設置に伴う定款変更の件
　　　議長は、当組合の従たる事務所を設置し、定款第○条を次のとおり変更をしたい旨を議場に諮ったところ、満場一致をもって異議なく、これを可決した。
　「(事務所)
　第○条　この組合は、主たる事務所を○○県わかしお市に置き、従たる事務所を○○県しおさい市及び○○県汐見市に置く。」

〈以下　略〉(注)

(注) Q 29 の③を参照してください。

⑤ 理事会議事録の作成例

理 事 会 議 事 録

〈中　略〉　Q 25 の⑤を参照してください。

8　従たる事務所の設置の件
　　議長は、従たる事務所を設置することにつき議場に諮ったところ、満場一致をもって異議なく、これを可決した。
　　　従たる事務所　○○県汐見市大潮町 500 番地 50
　　　設　置　日　　平成○○年○月○日

〈以下　略〉(注)

(注) Q 25 の⑤を参照してください。

Q45
従たる事務所を移転したときの登記手続について、教えてください。

　従たる事務所を移転するときに、①定款の変更を要し、行政庁に対する認可申請の手続が必要な場合と、②定款の変更を要しないため、行政庁に対する認可申請の手続が不要な場合については、主たる事務所を移転するときと同様です（Q39を参照）。

　登記手続は、次のとおりです。

1　登記期間

　　従たる事務所を移転したときは、主たる事務所の所在地においては2週間以内に従たる事務所を移転したことを登記しなければなりません（法102条1項）。

　　さらに、移転する前の旧の従たる事務所（以下「旧・従たる事務所」という。）の所在地を管轄する登記所と移転した後の新たな従たる事務所（以下「新・従たる事務所」という。）の所在地を管轄する登記所とが異なる場合は、旧・従たる事務所の所在地においては3週間以内に従たる事務所を移転したことを登記し、新・従たる事務所の所在地においては4週間以内に、①名称、②主たる事務所の所在場所、③従たる事務所（その所在地を管轄する登記所の管轄区域内にあるものに限る。）の所在場所を登記しなければなりません（法111条）。ただし、既設の従たる事務所の所在地を管轄する登記所の管轄区域内に従たる事務所を移転したときは、当該登記所には既に①名称及び②主たる事務所の所在場所が登記されていますので、③移転した従たる事務所の所在場所のみを登記すれば足ります（法111条ただし書）。

　　なお、これらの期間内に登記することを怠ったときは、50万円以下の過料に処せられることがあります（法130条1項54号）。

2　申請人

　　漁協組合を代表する代表理事1人が申請人になります。

3　添付書類

　　従たる事務所の移転を証する書面を添付しなければなりません（法

116条1項)。

　添付書類の種類については、定款の変更を要しない又はこれを要する場合について、従たる事務所を設置したときとそれぞれ同じです(Q44の3)。議事録の記載内容は、Q44の④及び⑤の「設置」を「移転」に変更してください。

① 　登記申請書の作成例：既存の従たる事務所の所在地を管轄する登記所の管轄区域内で移転し、主従一括申請の場合

受付番号票貼付欄（注1）

漁業協同組合従たる事務所移転登記申請書

1　名　　　　称　　　わかしお漁業協同組合
1　主たる事務所　　○○県わかしお市美浜町100番地10
1　従たる事務所　　○○県しおさい市月見町200番地20
　　　（注2）　　　　管轄登記所　　○○地方法務局○○支局（注3）
1　登記の事由　　　従たる事務所の移転
1　登記すべき事項　平成○○年○月○日○○県しおさい市月見町200
　　　（注4）　　　　番20の従たる事務所移転（注5）
　　　　　　　　　　従たる事務所
　　　　　　　　　　○○県しおさい市月見町555番地55
1　登記手数料　　　金300円（注6）
　　　　　　　　　　従たる事務所所在地登記所数　　1庁
1　添付書類　　　　理事会議事録　　　1通（注8）
　　　（注7）

〈以下　略〉（注9）

（注1）提出を受けた登記所の手続に必要な欄として、登記申請書の初葉の最上部に縦の辺の長さ4cm程度の余白を設けるのが、登記実務上の取扱いです。

第6章　事務所の移転等の登記（Q45）

(注2)　本作成例は、従たる事務所の所在地においてする登記の申請を、主従一括申請の方法によって申請する場合です（Q19の1及び2(5)を参照）。
(注3)　本作成例は、わかしお漁協が組合成立時に○○県しおさい市月見町に従たる事務所を設置し、今回、これを同じしおさい市月見町内の別の場所に移転した場合ですので、従たる事務所の所在地を管轄する登記所は同じ○○地方法務局○○支局で、同支局には既にわかしお漁協の名称及び主たる事務所の所在場所は登記されている場合です（Q25の①を参照）。
　　　当該登記所に初めて従たる事務所の移転登記をする場合については、本問の②を参照してください。
(注4)　本作成例は、登記申請書に直接記載する方法を採った場合です。その他の登記すべき事項の提出方法は、Q18の3を参照してください。
(注5)　理事会議事録に記載された従たる事務所の移転の年月日及び新・従たる事務所の所在場所を記載します。
(注6)　本作成例は、主従一括申請によって申請する場合です（Q19の1及び2(4)を参照）。この場合には、1件につき300円の手数料を収入印紙で納付します。なお、現在、登記印紙は販売されていませんが、当分の間、登記印紙による納付も認められ、また、収入印紙と登記印紙の併用による納付も可能です。これらの印紙は、未使用の（消印、割印等をしていない）ものを登記申請書と契印した別紙（印紙貼付台紙）又は登記申請書の余白部分に貼付します。
(注7)　わかしお漁協の定款が、「従たる事務所を○○県しおさい市に置く」として最小行政区画までの記載にとどめているとした例ですので、定款の変更を要しません。また、行政庁に対する認可申請の手続も不要ですので、これらの手続をしたことを証する書面である総（代）会議事録及び定款変更認可申請書の添付は必要なく、登記申請書に認可書到達の年月日を記載する必要はありません。
　　　これらが必要な場合の総会議事録の作成例については、Q44の④を参照してください。
(注8)　理事会議事録の作成例は、Q44の⑤を参照してください。
(注9)　Q25の①及び（注17）以下、Q26の①及び（注6）（注7）を参照してください。

② 登記申請書の作成例：主たる事務所又は既存の従たる事務所の所在地を管轄する登記所の管轄区域外に従たる事務所を移転し、主従一括申請ではなく、同登記所に直接申請する場合（新・従たる事務所所在地用）

受付番号票貼付欄（**注1**）

漁業協同組合従たる事務所移転登記申請書

1　名　　　　　称　　　わかしお漁業協同組合
1　主 た る 事 務 所　　○○県わかしお市美浜町 100 番地 10
1　従 た る 事 務 所　　○○県岬市めぐり町 666 番地 66（**注2**）
1　登 記 の 事 由　　　従たる事務所の移転
1　登 記 す べ き 事 項　別添 CD-R のとおり（**注3**）
1　認可書到達の年月日　平成○○年○月○日（**注4**）
1　添　付　書　類　　　登記事項証明書　　　1 通（**注5**）

〈中　略〉（**注6**）

○○地方法務局□□支局　御中（**注7**）

（**注1**）提出を受けた登記所の手続に必要な欄として、登記申請書の初葉の最上部に縦の辺の長さ 4cm 程度の余白を設けるのが、登記実務上の取扱いです。
（**注2**）申請する登記所の管轄区域内に移転した従たる事務所の所在場所を記載します。
（**注3**）本作成例は、磁気ディスクを提出する方法を採った場合です。磁気ディスクに関する留意事項は、Q 18 の 3(3)の法務省のホームページをご覧ください。磁気ディスクに記録する登記事項の記録例は、本問の③を参照してください。その他の登記すべき事項の提出方法は、Q 18 の 3 を参照してください。
（**注4**）本作成例は、わかしお漁協の成立時からの○○県しおさい市内の従たる事務所を定款に記載されていない○○県岬市内に移転した例ですので、定款の変更を要し、行政庁に対する定款変更の認可申請手続も必要な場合です。定款変更認可書が到達した年月日を記載します。なお、主たる事務所

第6章　事務所の移転等の登記（Q45）

においてした登記を証する書面（下記（注5）を参照）を添付しているので、他の書面（定款変更認可書）の添付は必要ありません（法120条、商登法48条1項）。

（注5）主たる事務所においてした従たる事務所の移転登記を証する書面として、登記事項証明書のうちの現在事項全部証明書又は請求部分を指定した現在事項一部証明書に、引用部分を明らかにするマーク等を施します（法登規則5条、商登規則62条2項）。登記事項証明書の請求・取得方法は、Q27を参照してください。

（注6）Q25の①及び（注17）以下、Q26の①及び（注6）（注7）を参照してください。

（注7）本作成例は、わかしお漁協の成立時からの従たる事務所である○○県しおさい市を管轄する登記所（○○地方法務局○○支局）以外の登記所（○○地方法務局□□支局）の管轄区域内である○○県岬市内に従たる事務所を移転した場合で、主従一括申請による申請ではなく、おのおの別個に申請する場合のうち、新・従たる事務所所在地に申請する例です（管轄登記所についてはQ18の1を、主従一括申請については本問の①及びQ19の1・2(5)を参照）。

　登記所に出向かずに、インターネットを利用したオンラインや郵送によって申請することができます（Q18の2を参照）。

　なお、主従一括申請によって申請する場合の手数料は、旧・従たる事務所の所在地を管轄する○○地方法務局○○支局及び新・主たる事務所の所在地を管轄する○○地方法務局□□支局の2庁ですので、1庁当たり300円にその庁数を乗じた（300円×庁数＝金額）600円の収入印紙を納付します。なお、現在、登記印紙は販売されていませんが、当分の間、登記印紙による納付も認められ、また、収入印紙と登記印紙の併用による納付も可能です。これらの印紙は、未使用（消印、割印等をしていない）ものを登記申請書と契印した別紙（印紙貼付台紙）又は登記申請書の余白部分に貼付します。

③　登記事項を記録した磁気ディスクを提出する場合の登記事項の記録例

> 「名称」わかしお漁業協同組合
> 「主たる事務所」〇〇県わかしお市美浜町 100 番地 10
> 「法人成立の年月日」平成〇〇年〇月〇日
> 「従たる事務所番号」1
> 「従たる事務所の所在地」〇〇県岬市めぐり町 666 番地 66
> 「登記記録に関する事項」
> 　平成〇〇年〇月〇日〇〇県しおさい市月見町 200 番地 20 から従たる事務所移転（注）

（注）理事会議事録に記載された従たる事務所の移転の年月日を記載します。

Q46 従たる事務所を廃止したときの登記手続について、教えてください。

　従たる事務所の所在地は、定款の絶対的記載事項ですので（Q 24 の 1(1)エを参照）、従たる事務所を廃止するときは、基本的には定款の変更及び行政庁に対する定款変更の認可申請の手続が必要となります。この場合の手続は、総会において従たる事務所の廃止及びこれに伴う定款の変更に係る特別議決をし、理事会において従たる事務所の廃止時期を決定します。

　ただし、定款に最小行政区画までの記載にとどめており、かつ、その最小行政区画内に複数の従たる事務所を設置しており、この全ての従たる事務所を廃止しない限り、その最小行政区画内には従たる事務所は最低でも1つは存続するので、定款の変更を伴わないため、総会での特別議決及び行政庁に対する定款変更の認可申請手続は必要がありません。

　登記手続は、次のとおりです。

1　登記期間

　従たる事務所を廃止したときは、主たる事務所の所在地においては 2 週間以内に（法 102 条 1 項）、従たる事務所の所在地においては 3 週間以内に（法 110 条 3 項）、従たる事務所を廃止したことを登記しなければな

りません。

なお、これらの期間内に登記することを怠ったときは、50万円以下の過料に処せられることがあります（法130条1項54号）。

2　申請人

漁協組合を代表する代表理事1人が申請人になります。

3　添付書類

従たる事務所の廃止を証する書面を添付しなければなりません（法116条1項）。

(1)　定款の変更を要しない場合

　　ア　理事会議事録

　　　理事会は組合の業務執行を決定する機関ですので、廃止する従たる事務所及び廃止時期について決定した理事会議事録を添付します。

　　イ　委任状（法120条、商登法18条）

　　　代理人によって登記を申請する場合は、代理権限を証する書面として、申請人の委任状を添付します。

(2)　定款の変更を要する場合

　　上記(1)の添付書類のほか、以下の書類を添付します。

　　ア　総（代）会議事録

　　　定款変更の議決が適正に行われ、従たる事務所の廃止の議決がされたことを証するために添付します。なお、総代会において定款の変更を議決したときは、定款の規定に従って議決していることを証するために定款をも添付します。

　　イ　定款変更認可書（法120条、商登法19条）

　　　従たる事務所の廃止に係る定款の変更は行政庁の認可を受けなければならないとされていますので（Q28の2を参照）、行政庁の認可を受けていることを証するために添付します。

なお、議事録等、登記申請書に添付すべき書面が電磁的記録で作成されているときは、当該電磁的記録に記録された情報の内容を記録した電磁的記録（法務省令で定めるものに限る。）を、当該登記申請書に添付しなければなりません（法120条、商登法19条の2）。

① 登記申請書の作成例

```
┌─────────────────────────────────────────────┐
│                                             │
│         受付番号票貼付欄（注1）              │
│                                             │
│                                             │
└─────────────────────────────────────────────┘
```

漁業協同組合従たる事務所廃止登記申請書

1 名　　　　称　　わかしお漁業協同組合
1 主 た る 事 務 所　○○県わかしお市美浜町100番地10
1 従 た る 事 務 所　○○県しおさい市月見町200番地20
　　　　（注2）　　管轄登記所　○○地方法務局○○支局
1 登 記 の 事 由　　従たる事務所の廃止
1 登記すべき事項　　平成○○年○月○日○○県しおさい市月見町
　　　　（注3）　　200番地20の従たる事務所廃止（注4）
1 登 記 手 数 料　　金300円（注5）
　　　　　　　　　　従たる事務所所在地登記所数　　　1庁
1 認可書到達の年月日　平成○○年○月○日（注6）
1 添 付 書 類　　　総会議事録　　　1通（注7）
　　　　　　　　　　理事会議事録　　1通（注8）
　　　　　　　　　　定款変更認可書　1通（注9）
　　　　　　　　　　（登記事項証明書　1通）（注10）

〈中　略〉（注11）

　　○○地方法務局（○○支局）　御中（注12）

（注1）提出を受けた登記所の手続に必要な欄として、登記申請書の初葉の最上部に縦の辺の長さ4cm程度の余白を設けるのが、登記実務上の取扱いです。
（注2）本作成例は、従たる事務所の所在地においてする登記を、主従一括申請の方法によって申請する場合です（Q19の2(6)を参照）。
　　　なお、主従一括申請による申請ではなく、おのおの別個に申請する場合のうち、従たる事務所の所在地における登記の申請書には、主たる事務所においてした従たる事務所の廃止の登記を証する書面として、登記事項証明書のうちの現在事項全部証明書又は請求部分を指定した現在事項一部証明書に、引用部分を明らかにするマーク等を施します（法登規則5条、商

第6章　事務所の移転等の登記（Q46）

　　　登規則62条2項）。登記事項証明書の請求・取得方法は、Q27を参照してください。
（注3）本作成例は、登記申請書に直接記載する方法を採った場合です。その他の登記すべき事項の提出方法は、Q18の3を参照してください。
（注4）理事会議事録に記載された従たる事務所の廃止の年月日及び廃止する従たる事務所の所在場所を記載します。
（注5）本作成例は、主従一括申請によって申請する場合です（Q19の1及び2(6)を参照）。この場合には、1件につき300円の手数料を収入印紙で納付します。なお、現在、登記印紙は販売されていませんが、当分の間、登記印紙による納付も認められ、また、収入印紙と登記印紙の併用による納付も可能です。これらの印紙は、未使用の（消印、割印等をしていない）ものを登記申請書と契印した別紙（印紙貼付台紙）又は登記申請書の余白部分に貼付します。
（注6）本作成例は、わかしお漁協の成立時からの○○県しおさい市内の従たる事務所を廃止し、同市には他の従たる事務所を設置していないとした例ですので、定款の変更を要し、行政庁に対する定款変更の認可申請の手続も必要な場合です。
　　　定款変更認可書が到達した年月日を記載します。
（注7）総会議事録の作成例は、本問の②を参照してください。
（注8）理事会議事録の作成例は、本問の③を参照してください。
（注9）Q29の①（注5）を参照してください。
（注10）従たる事務所の所在地において登記を申請する場合の添付書面です（本作成例の（注2）なお書を参照）。
（注11）Q25の①及び（注17）以下、Q26の①及び（注6）（注7）を参照してください。
（注12）主従一括申請の場合はわかしお漁協の主たる事務所の所在地を管轄する登記所である○○地方法務局宛てに提出し、主従一括申請によることなく、おのおの別個に申請する場合は廃止する従たる事務所の所在地を管轄する登記所である○○地方法務局○○支局宛てにも提出します（Q18の1及びQ19の1・2(6)を参照）。登記所に出向かずに、インターネットを利用したオンラインや郵送によって申請することができます（Q18の2を参照）。

②　総会議事録の作成例

臨 時 総 会 議 事 録

〈中　略〉（注）

7　議事の経過要領及びその結果
　議案　従たる事務所の廃止に伴う定款変更の件
　　議長は、当組合のしおさい市月見町 200 番地 20 に設置している従たる事務所を廃止するため、定款第○条を次のとおり変更をしたい旨を議場に諮ったところ、満場一致をもって異議なく、これを可決した。
「変更前」
（事務所）
第○条　この組合は、主たる事務所を○○県わかしお市に置き、従たる事務所を○○県しおさい市に置く。
「変更後」
（事務所）
第○条　この組合は、主たる事務所を○○県わかしお市に置く。

〈以下　略〉（注）

（注）Q 29 の③を参照してください。

③　理事会議事録の作成例

理 事 会 議 事 録

〈中　略〉　Q 25 の⑤を参照してください。

8　従たる事務所の廃止の件
　　議長は、当組合のしおさい市月見町 200 番地 20 に設置している従たる事務所を、平成○○年○月○日もって廃止したい旨を諮ったところ、出席役員全員の一致をもって可決した。

〈以下　略〉（注）

（注）Q 25 の⑤を参照してください。

第6章　事務所の移転等の登記（Q47）

Q47
事務所の地番変更又は住居表示の実施がされたときの登記手続について、教えてください。

1　行政区画の名称の変更と事務所の地番変更

　事務所の所在地について、行政区画、郡、区、市町村内の町若しくは字又はそれらの名称の変更があったときは、その変更による登記があったものとみなされますので（法120条、商登法26条）、必ずしも変更の登記をする必要はありません。すなわち、例えば、「○○県わかしお市」という市の名称が「○○県若潮市」に変更された場合、登記記録の事務所の所在地が「○○県わかしお市」とされていたとしても、「○○県若潮市」とする変更の登記があったものとみなされます（代表理事の住所地が行政区画の変更等がされた場合も同様で、これについてはQ49を参照）。

　ただし、事務所の地番をも変更があったときは、その変更の登記をしなければなりません。

　また、これら行政区画等の名称の変更によって、主たる事務所の所在地の変更に伴う定款の変更をしたときは、遅滞なく、その旨を行政庁に届けなければなりません（Q28の2を参照。法48条4項、法施行規則178条2号）。

　なお、組合の名称に市区町村名を使用している場合、例えば「わかしお市漁業協同組合（連合会）」との名称の場合、その市の名称である「わかしお市」が「若潮市」に変更され、「若潮市漁業協同組合（連合会）」に名称変更する場合には、その登記をする必要があります（Q30を参照）。また、地区についても同様に変更の登記をする必要があります（Q31を参照）。

2　住居表示の実施による変更

　事務所の所在地が、住居表示に関する法律（昭和37年法律第119号）に基づく住居表示の実施により、組合の事務所の所在場所に変更があったときは、その変更の登記をしなければなりません。

133

3 登記手続
(1) **登記期間**

事務所の地番等の変更の登記は、地番変更又は住居表示の実施の日から、主たる事務所の所在地においては 2 週間以内に（法 102 条 1 項）、従たる事務所の所在地においては 3 週間以内に（法 110 条 3 項）、しなければなりません。

なお、これらの期間内に登記することを怠ったときは、50 万円以下の過料に処せられることがあります（法 130 条 1 項 54 号）。

(2) **申請人**

漁協組合を代表する代表理事 1 人が申請人になります。

(3) **添付書類**

次の書面を添付します。

① 土地の地番等の変更を証する市区町村が作成した証明書又は住居表示の実施に係る住居番号決定通知書（法 116 条 1 項）

② 代理人によって登記を申請する場合は、代理権限を証する書面として、申請人の委任状（法 120 条、商登法 18 条）

③ 従たる事務所の所在地において申請する場合は、主たる事務所の所在地においてした登記の登記事項証明書のみ（法 120 条、商登法 48 条 1 項）

登記申請書の作成例：主たる事務所の所在地が住居表示の実施をされた場合

```
┌─────────────────────────────────────────────┐
│                                             │
│            受付番号票貼付欄（注1）            │
│                                             │
│                                             │
│                                             │
│         漁業協同組合変更登記申請書            │
│                                             │
│ 1  名      称    わかしお漁業協同組合         │
│ 1  主たる事務所  ○○県わかしお市美浜町100番地10（注2）│
│ 1  従たる事務所  ○○県しおさい市月見町200番地20│
│       （注3）    管轄登記所　○○地方法務局○○支局│
│ 1  登記の事由    住居表示の実施による主たる事務所の変更（注4）│
│ 1  登記すべき事項 平成○○年○月○日主たる事務所変更（注6）│
│       （注5）    主たる事務所                 │
│                  ○○県わかしお市美浜一丁目1番1号（注7）│
│ 1  登記手数料    金300円（注8）               │
│                  従たる事務所所在地登記所数　　1庁│
│ 1  添付書類      住居番号決定通知書　　1通    │
│       （注10）   （登記事項証明書　　　1通）（注9）│
│                                             │
│              〈以下　略〉（注11）             │
│                                             │
└─────────────────────────────────────────────┘
```

（注1）提出を受けた登記所の手続に必要な欄として、登記申請書の初葉の最上部に縦の辺の長さ4cm程度の余白を設けるのが、登記実務上の取扱いです。

（注2）住居表示の実施前（又は地番の変更前）の所在場所を記載します。

（注3）本作成例は、従たる事務所の所在地においてする登記を、主従一括申請の方法によって申請する場合です（法120条、商登法49条1項・3項から5項まで、法登規則5条、商登規則63条1項・3項）。

　　　なお、主従一括申請による申請ではなく、おのおの別個に申請する場合のうち、従たる事務所の所在地における登記の申請書には、主たる事務所においてした住居表示の実施による主たる事務所の変更の登記を証する書面として（法120条、商登法48条1項）、登記事項証明書のうちの現在事

項全部証明書又は請求部分を指定した現在事項一部証明書に、引用部分を明らかにするマーク等を施します（法登規則5条、商登規則62条2項）。
（注4）地番の変更の場合は、「地番の変更による主たる事務所の変更」と記載します。
（注5）本作成例は、登記申請書に直接記載する方法を採った場合です。その他の登記すべき事項の提出方法は、Q18の3を参照してください。
（注6）従たる事務所の変更の場合は、「平成〇〇年〇月〇日〇〇県〇〇市〇〇町〇番地〇の従たる事務所変更」と記載します。
（注7）住居表示の実施後（又は地番の変更後）の所在場所を記載します。
（注8）本作成例は、主従一括申請によって申請する場合です（Q19の1を参照）。わかしお漁協は従たる事務所が〇〇県しおさい市に1つあるのみですので、この場合には、1件につき300円の手数料を収入印紙で納付します。また、〇〇地方法務局〇〇支局以外の支局等にも従たる事務所を複数設置している場合は、1庁当たり300円にその庁数を乗じた（300円×庁数＝）金額の収入印紙を納付します。なお、現在、登記印紙は販売されていませんが、当分の間、登記印紙による納付も認められ、また、収入印紙と登記印紙の併用による納付も可能です。これらの印紙は、未使用の（消印、割印等をしていない）ものを登記申請書と契印した別紙（印紙貼付台紙）又は登記申請書の余白部分に貼付します。
（注9）主従一括申請による申請ではなく、おのおの別個に申請する場合のうち、従たる事務所の所在地においてする登記の申請書に添付します（本作成例の（注3）なお書を参照）。登記事項証明書の請求・取得方法は、Q27を参照してください。
（注10）登記申請を代理人に委任する場合は、委任状の添付が必要です。作成例は、Q25の⑪を参照され、委任事項の「設立の登記」を「住居表示の実施による主たる事務所の変更の登記」に変更してください。
（注11）Q25の①及び（注17）以下、Q26の①及び（注6）（注7）、Q46の①（注12）を参照してください。

第7章
代表理事の変更・参事の登記

本章においても、第4章以下と同様に、漁協組合を主に説明します。

第1 代表理事の変更の登記

Q48
代表理事に変更（重任、辞任、増員）が生じたときの登記手続について、教えてください。

　水産組合の役員である理事の選任方法はQ4を、役員の任期はQ5を、生産組合を除く水産組合の代表理事の選定方法はQ6を、それぞれ参照してください。水産組合は、「代表権を有する者の氏名、住所及び資格」を登記しなければなりませんので（Q15の4を参照）、生産組合を除く水産組合は理事会において選定された代表理事を、生産組合は総会において選任された理事の全員を、それぞれ登記します。

　役員の就任日については、選挙規程に別段の規定がない限り、その承諾のあった日となります。

　漁協組合の代表理事に変更が生じたとき、すなわち、代表理事の選定による就任、及び解任による退任のほか、任期満了、辞任、死亡等により退任した場合、また、代表理事の氏・名又は住所に変更が生じた場合には、その変更の登記をしなければなりません（法102条1項）。

　なお、代表理事が欠けた場合又は定款で定めた代表理事の員数が欠けた場合には、新たに選任された代表理事が就任するまで、なお代表理事としての権利義務を有するとされていますので（Q5及びQ6の各なお書を参照）、退任しても、退任の登記は、後任者の就任の登記と同時にすることとなります。

　おって、代表理事の氏名及び住所についての留意事項は、Q15の4を参照してください。また、代表理事の重任の場合において、代表理事の氏

名の「高橋」との登記を「髙橋」に変更して重任の登記をする際にも、申請人の変更の考えを明確に登記官に伝えるため、メモ書きを添えることをお勧めします。

登記手続は、次のとおりです。
1 登記期間

漁協組合の成立後、代表理事に変更が生じたときは、2週間以内に、主たる事務所の所在地において、その変更の登記をしなければなりません（法102条1項）。この期間内に登記することを怠ったときは、50万円以下の過料に処せられることがあります（法130条1項54号）。

なお、代表理事の氏名等は、従たる事務所の所在地における登記事項ではありませんので（Q16を参照）、同所在地においては変更の登記をする必要がありません。

2 申請人

漁協組合を代表する代表理事1人が申請人になります。

3 添付書類

代表理事の変更を証する書面を添付しなければなりません（法116条1項）。添付する書面は、個々の変更の内容によって異なりますが、次のようになります。

(1) 理事の選任を証する書面（総（代）会議事録等）

代表理事の選定の前提である理事の選任が適正に行われ、どのような選任がされたのかを証するために添付します。なお、総代会において選任したときは、定款の規定に従って選任していることを証するために、定款、役員選挙規程等をも添付します。

また、経営管理委員を置く漁協組合の場合は（Q3の1(2)、Q11を参照）、経営管理委員会が理事を選任することとされていますので（Q4なお書きを参照）、定款及び経営管理委員会議事録（Q12の1を参照）を添付します。

(2) 代表理事の選定を証する書面（理事会議事録等）

代表理事の選定が適正に行われ、どのような選定がされたのかを証するために理事会議事録を添付します。

また、経営管理委員を置く漁協組合の場合は、経営管理委員会が代表理事を選定することとされていますので（Q6を参照）、定款及び経

営管理委員会議事録を添付します。

⑶ **代表理事の就任を承諾したことを証する書面（就任承諾書）**
　代表理事が就任を承諾したことを証する書面を添付します。ただし、理事会又は経営管理委員会の議事録の記載により、就任を承諾したことが明らかな場合は、登記申請書に「就任承諾書は、理事会議事録（又は経営管理委員会議事録）の記載を援用する。」と記載すれば、就任承諾書を添付する必要はありません。

⑷ **代表理事の退任を証する書面（辞任届等）**
　辞任届、死亡を証する書面（死亡届、戸籍謄本等）、任期の満了又は解任を証する書面（理事会等の議事録）を添付します。

⑸ **定款**
　役員（理事）の任期は、3年以内において定款で定める期間とされていますので（Q5を参照）、定款に定めた任期によって3年未満で理事を退任したことにより、代表理事の資格を失って退任したときに添付をします。ただし、当該任期を満了したことが、総会議事録等で明らかなときは、これによって任期が満了したことが分かるため、定款の添付は不要です。

⑹ **印鑑証明書**
　理事会又は経営管理委員会の議事録に署名捺印した者の印鑑につき、市区町村長が作成した3か月以内の印鑑証明書を添付します。ただし、議事録に押印した印鑑と変更前の代表理事が登記所に提出している印鑑とが同一であるときは、印鑑証明書の添付を要しません（法登規則5条、商登規則61条4項）。

⑺ **委任状**（法120条、商登法18条）
　代理人によって登記を申請する場合は、代理権限を証する書面として、申請人の委任状を添付します。
　なお、定款、議事録等、登記申請書に添付すべき書面が電磁的記録で作成されているときは、当該電磁的記録に記録された情報の内容を記録した電磁的記録（法務省令で定めるものに限る。）を、当該登記申請書に添付しなければなりません（法120条、商登法19条の2）。

パターンA（重任の場合）
① 登記申請書の作成例

受付番号票貼付欄（注1）

漁業協同組合変更登記申請書

1　名　　　　称　　わかしお漁業協同組合
1　主 た る 事 務 所　　○○県わかしお市美浜町100番地10
1　登 記 の 事 由　　代表理事の変更
1　登記すべき事項　　平成○○年○月○日代表理事重任
　　　（注2）　　　　○○県わかしお市美浜町150番地15
　　　　　　　　　　　代表理事　海　野　磯　夫
1　添　付　書　類　　総会議事録　　　1通（注3）
　　　　　　　　　　　理事会議事録　　1通（注4）
　　　　　　　　　　　就任承諾書は理事会議事録の記載を援用する。
　　　　　　　　　　　　　　　　　　　　　　　　　　（注5）
　　　　　　　　　　　印鑑証明書　　　○通（注6）
　　　　　　　　　　　委任状　　　　　1通（注7）

　　　　　　　　　　　　〈以下　略〉（注8）

（注1）提出を受けた登記所の手続に必要な欄として、登記申請書の初葉の最上部に縦の辺の長さ4cm程度の余白を設けるのが、登記実務上の取扱いです。
（注2）本作成例は、登記申請書に直接記載する方法を採った場合です。その他の登記すべき事項の提出方法は、Q18の3を参照してください。
（注3）総会議事録の作成例は、本パターンの②を参照してください。
（注4）理事会議事録の作成例は、本パターンの③を参照してください。
（注5）本パターンの②及び③のように、議事録の記載により、就任を承諾したことが明らかな場合は、登記申請書に議事録を援用する旨を記載すれば、就任承諾書の添付をする必要はありません（本問の3(3)を参照）。就任承諾書の作成例は、本問のパターンBの④を参照してください。

第7章　代表理事の変更・参事の登記（Q48）

(注6) 本問の3(6)を参照してください。
(注7) 登記申請を代理人に委任する場合は、委任状の添付が必要です。作成例は、Q25の⑪を参照され、委任事項の「設立の登記」を「代表理事の変更の登記」に変更してください。
(注8) Q25の①及び（注17）以下、Q26の①及び（注6）（注7）を参照してください。

② 総会議事録の作成例

第○回通常総会議事録

〈中　略〉（注）

7　議事の経過要領及びその結果
〈中　略〉
第○号議案　理事全員の任期満了による理事の選任について
　議長は、理事の全員が任期満了につき、定款、定款付属書役員選任規程及び役員選任規程細則の規定に従い、役員推薦委員会の経過報告を求めた。
　役員推薦委員会の鮎川昇委員長は、役員推薦会議（平成○○年○月○日）の経過を総会資料○○に基づき報告・説明し、次の者を推薦することに決定する旨を述べた。
　議長は、開票立会人による開票の結果、次のとおり票決された旨を述べ、次の者が理事に選任された旨を宣言した。被選任者はいずれもその就任を承諾した。
　投票総数　○○○票　うち、賛成　○○○票
　　　　　　　　　　　　　反対　　　○票
　理　事　海　野　磯　夫（重任）
　理　事　鯨　井　太　平（重任）
　理　事　大　潮　　　満（重任）
　理　事　珊　瑚　若　芽（重任）
　理　事　地　引　網　男（重任）

〈以下　略〉（注）

(注) Q29の③を参照してください。

141

③　理事会議事録の作成例

理 事 会 議 事 録

1	日　　　　　時	平成○○年○月○日午後○時
2	場　　　　　所	当組合事務所
3	理 事 の 総 数	5名
4	出席した理事の氏名	5名全員（海野磯夫、鯨井太平、大潮満、珊瑚若芽、地引網男）
5	欠席理事及び欠席理由	なし
6	監 事 の 総 数	2名
7	出席した監事の氏名	全員（海苔黒司、沖　遠洋）

　出席役員全員の一致の議決により、議長に代表理事海野磯夫が選任され、直ちに議案の審議に入る。
　8　理事の任期満了につき代表理事選定の件
　　議長は、代表理事の選定につき議場に諮ったところ、理事地引網男から「これまで実績のある海野磯夫を推薦する」旨の発言があり、他の意見を求めたが発言者はなく、賛否を挙手により諮り、全員賛成をもって、海野磯夫を代表理事に選定した。
　　代表理事となった海野磯夫は、感謝の意を述べ、就任を承諾した。

〈以下　略〉（注）

（注） Q 25 の⑤を参照してください。

第7章　代表理事の変更・参事の登記（Q48）

パターンB（前任者が辞任し、後任者が就任した場合）
① 登記申請書の作成例

受付番号票貼付欄（注1）

漁業協同組合変更登記申請書

1　名　　　称　　　わかしお漁業協同組合
1　主たる事務所　　○○県わかしお市美浜町100番地10
1　登記の事由　　　代表理事の変更
1　登記すべき事項　平成○○年○月○日代表理事海野磯夫辞任
　　（注2）　　　　平成○○年○月○日代表理事就任
　　　　　　　　　○○県わかしお市海岸通り三丁目30番30号
　　　　　　　　　　　代表理事　鯨　井　太　平
1　添付書類　　　［総会議事録　　　　1通］（注3）
　　　　　　　　　理事会議事録　　　　1通（注4）
　　　　　　　　　辞任届　　　　　　　1通（注5）
　　　　　　　　　就任承諾書　　　　　1通（注6）
　　　　　　　　　［定款　　　　　　　1通］（注7）
　　　　　　　　　印鑑証明書　　　　　○通（注8）

　上記のとおり登記の申請をします。

　　平成○○年○月○日

　　　　○○県わかしお市美浜町100番地10
　　　　申　請　人　　わかしお漁業協同組合
　　　　　連絡先の電話番号　○○○-○○○-○○○○（注9）
　　　　　担　当　　　○　○　○　○

　　　　○○県わかしお市海岸通り3丁目30番30号
　　　　　代表理事　鯨　井　太　平　㊞（注10）

　　○○地方法務局　御中（注11）

143

（注１）提出を受けた登記所の手続に必要な欄として、登記申請書の初葉の最上部に縦の辺の長さ４cm程度の余白を設けるのが、登記実務上の取扱いです。
（注２）本作成例は、登記申請書に直接記載する方法を採った場合です。その他の登記すべき事項の提出方法は、Ｑ18の３を参照してください。
（注３）代表理事のみならず、理事をも辞任したときに、総会において理事の選任をする必要がある場合に添付します。本作成例は、代表理事を辞任するが、理事を辞任しないので、定款及び水産業協同組合法所定の定数（Ｑ３の１(1)を参照）を満たし、理事を補充するための総会を開催する必要はない場合です。
（注４）理事会議事録の作成例は、本パターンの②を参照してください。
（注５）辞任届の作成例は、本パターンの③を参照してください。
（注６）本パターンの理事会議事録の作成例には、被選定者がその就任を承諾した旨の記載がないため、就任承諾書の添付が必要な場合です。議事録に就任を承諾した旨の記載及びその場合の登記申請書の記載については、本問のパターンＡの②、③及び①（注５）を参照してください。
　　　　就任承諾書の作成例は、本パターンの④を参照してください。
（注７）本問の３(5)を参照してください。
（注８）本問の３(6)を参照してください。
（注９）本作成例は、代理人に委任することなく、申請人が自ら申請する場合です。登記申請書に不備がある場合等、登記申請書を提出した登記所の登記官からの連絡のため、記載します。なお、代理人に委任する場合は、代理人の欄に代理人の連絡先の電話番号を記載します（Ｑ25の①を参照）。委任状の作成例は、Ｑ25の⑪を参照され、委任事項の「設立の登記」を「代表理事の変更の登記」に変更してください。
（注10）代表理事の印鑑は、変更登記の申請と同時に登記所に提出する印鑑届書で届け出た印影の印鑑を押印します。
　　　　登記申請書に押印する代表理事の印鑑は、「印鑑届書」によって登記所に提出する印影の印鑑を押印します。この印鑑届書には、市区町村長が作成した３か月以内の印鑑証明書を添付しなければなりません（法登規則５条、商登規則９条５項１号）。なお、印鑑届書の用紙は登記所にありますが（無料）、法務省のホームページ（http://www.moj.go.jp/ONLINE/COMMERCE/11-2.html）からダウンロードすることもできます。
（注11）登記所に出向かずに、インターネットを利用したオンラインや郵送によって申請することができます（Ｑ18の２を参照）。

第7章　代表理事の変更・参事の登記（Q48）

② 理事会議事録の作成例

　　　　　　　　　理　事　会　議　事　録

〈中　略〉　本問のパターンAの③を参照してください。

8　代表理事の選定に関する件
　議長は、代表理事海野磯夫から、平成○○年○月○日をもって代表理事を辞任する旨の申出があったので、新たに後任の代表理事の選定について諮ったところ、全員の一致をもって、次の者を代表理事に選定した。
　代表理事　鯨　井　太　平

　以上をもって、第○回理事会の全ての議案について、審議を終了したので、議長は、午後○時○分に閉会の宣言をし、散会した。

　上記の議決を明確にするため、議長、出席理事及び監事は、記名押印する。

　平成○○年○月○日

　　　　わかしお漁業協同組合理事会において
　　　　　　議長代表理事　鯨　井　太　平　㊞（注1）
　　　　　　理　　　　事　海　野　磯　夫　㊞（注2）
　　　　　　理　　　　事　大　潮　　　満　㊞
　　　　　　理　　　　事　珊　瑚　若　芽　㊞
　　　　　　理　　　　事　地　引　網　男　㊞
　　　　　　監　　　　事　海　苔　黒　司　㊞
　　　　　　監　　　　事　沖　　　遠　洋　㊞

（注1）理事会議事録に押印した代表理事の印鑑の印影につき、市区町村長の作成した印鑑証明書を添付します。ただし、議事録に押印した印鑑と変更前の代表理事が登記所に提出している印鑑とが同一であるときは、印鑑証明書の添付を要しません（本問の3(6)を参照）。
（注2）前任の代表理事が辞任して理事会に出席していない場合は、議事録に押印した全員の理事の印鑑の印影につき、市区町村長の作成した印鑑証明書を添付します。

145

③ 辞任届の作成例

辞　任　届

　私は、この度、一身上の都合により、平成○○年○月○日をもって、貴組合の代表理事を辞任したく、お届けします。

　　平成○○年○月○日

　　　　　　　　　　　　　　　　○○県わかしお市美浜町150番地15
　　　　　　　　　　　　　　　　　代表理事　　海　野　磯　夫　㊞

わかしお漁業協同組合　御中

④ 就任承諾書の作成例

就　任　承　諾　書

　私は、平成○○年○月○日開催の貴組合の理事会において、代表理事に選定されたので、この就任を承諾します。

　　平成○○年○月○日

　　　　　　　　　　　　　　　　○○県わかしお市海岸通り3丁目30番30号
　　　　　　　　　　　　　　　　　代表理事　　鯨　井　太　平　㊞

わかしお漁業協同組合　御中

第 7 章　代表理事の変更・参事の登記（Q48）

パターン C（増員の場合）
① 登記申請書の作成例

受付番号票貼付欄（注 1）

漁業協同組合変更登記申請書

1　名　　　　　称　　　わかしお漁業協同組合
1　主 た る 事 務 所　　○○県わかしお市美浜町 100 番地 10
1　登 記 の 事 由　　代表理事の変更
1　登 記 す べ き 事 項　　平成○○年○月○日代表理事珊瑚若芽就任
　　　　（注 2）　　　　　　　　　　　　　　　　　　（注 3）
　　　　　　　　　　　○○県汐見市岸壁町 305 番地の 15
　　　　　　　　　　　　代表理事　珊　瑚　若　芽
1　認可書到達の年月日　　平成○○年○月○日（注 4）
1　添 付 書 類　　総（代）会議事録　　　　1 通（注 5）
　　　　　　　　　　　理事（経営管理委員）会議事録　1 通（注 6）
　　　　　　　　　　　就任承諾書　　　　　　1 通（注 7）
　　　　　　　　　　　定款変更認可書　　　　1 通〕（注 8）
　　　　　　　　　　　印鑑証明書　　　　　　○通（注 9）
　　　　　　　　　　　委任状　　　　　　　　1 通（注 10）

　　　　　　　　　　〈以下　略〉（注 11）

（注 1）提出を受けた登記所の手続に必要な欄として、登記申請書の初葉の最上部に縦の辺の長さ 4 cm 程度の余白を設けるのが、登記実務上の取扱いです。
（注 2）本作成例は、登記申請書に直接記載する方法を採った場合です。その他の登記すべき事項の提出方法は、Q 25 の 3 を参照してください。
（注 3）被選定者が代表理事の就任を承諾した日、又は代表理事を増員することの定款変更の認可書が到達した日のいずれか遅い年月日を記載します。
（注 4）定款変更認可書が到達した年月日を記載します（本問の 1 を参照）。
（注 5）総会議事録の書式例は、本パターンの②を参照してください。

(注6) 理事会議事録については、本問のパターンBの②を参考に作成してください。
(注7) 就任承諾書については、本問のパターンBの④を参考に作成してください。
(注8) 本問の②の総会議事録のように定款の変更を要する場合には、行政庁に対する定款変更の認可申請の手続を経る必要があるため（Q 28 を参照）、定款変更認可書を添付します。なお、定款変更認可書の写しに「原本に相違がない」旨を記載し、原本とともに提出すると、原本は還付を受けることができます（法登規則 5 条、商登規則 49 条）。
(注9) 本問の3(6)を参照してください。
(注10) 登記申請を代理人に委任する場合は、委任状の添付が必要です。作成例は、Q 25 の⑪を参照され、委任事項の「設立の登記」を「代表理事の変更の登記」に変更してください。
(注11) Q 25 の①及び（注17）以下、Q 26 の①及び（注 6）（注 7）を参照してください。

② 総会議事録の書式例

―――――――――――――――――――――――
総 会 議 事 録

〈中　略〉（注)

7　議事の経過要領及びその結果
　第○号議案　代表理事の増員に係る定款の変更について
　　議長は、○○であることから代表理事を増員する必要があると述べ、これに係る定款第○条を次のとおり変更をしたい旨を議場に諮ったところ、満場一致をもって異議なく、これを可決した。
　(代表理事)
　第○条　当組合は、経営管理委員会の決議により、理事の中から代表理事2名を選定する。

〈以下　略〉（注)
―――――――――――――――――――――――

(注) Q 29 の③を参照してください。

第7章　代表理事の変更・参事の登記（Q49）

Q49
代表理事の氏名又は住所に変更が生じたときの登記手続について、教えてください。

　漁協組合の代表権を有する者である代表理事の氏名及び住所は登記事項ですので（Q15の4を参照）、これらに変更が生じたときは、その変更の登記をしなければなりません（法102条1項）。

　代表理事の氏の変更は、婚姻、離婚、養子縁組、離縁等によって生じます。

　また、代表理事の住所の変更は、住所移転、行政区画の変更又は住居表示の実施によって生じます。なお、代表理事の住所地が行政区画の変更等がされた場合（地番の変更を伴うものは除く。）は、その変更による登記があったものとみなされますので、必ずしもこの変更登記をする必要はありません（Q47の1を参照）。

　登記手続は、次のとおりです。

1　登記期間

　代表理事の氏名又は住所に変更を生じたときは、2週間以内に、主たる事務所の所在地において、その変更の登記をしなければなりません（法102条1項）。

　なお、代表理事の氏名等は、従たる事務所の所在地における登記事項ではありませんので（Q16を参照）、同所在地においては変更の登記をする必要がありません。

2　申請人

　漁協組合を代表する代表理事1人が申請人になります。

3　添付書類

　代理人によって登記を申請する場合における申請人の委任状以外には、代表理事の変更をする書面の添付は必要ありません。

149

① 登記申請書の作成例

```
┌─────────────────────────────────────────────┐
│                                             │
│         受付番号票貼付欄（注1）              │
│                                             │
│                                             │
└─────────────────────────────────────────────┘


            漁業協同組合変更登記申請書

 1 名     称    わかしお漁業協同組合
 1 主たる事務所   ○○県わかしお市美浜町 100 番地 10
 1 登 記 の 事 由   代表理事の氏名〔住所〕変更
 1 登記すべき事項   平成○○年○月○日代表理事海野磯夫の氏変更
     （注2）    氏名  川 野 磯 夫
              ⎡ 平成○○年○月○日代表理事海野磯夫住所移転 ⎤
              ⎣ 住所   ○○県わかしお市美浜町 22 番地 2  ⎦
 1 添 付 書 類   委任状     1通（注3）

    上記のとおり登記の申請をします。

     平成○○年○月○日

              ○○県わかしお市美浜町 100 番地 10
              申 請 人    わかしお漁業協同組合

              ○○県わかしお市美浜町 150 番地 15 ⎡ 22 番地 2 ⎤
              代 表 理 事    川 野 磯 夫

                  〈以下  略〉（注4）
```

（注1）提出を受けた登記所の手続に必要な欄として、登記申請書の初葉の最上部に縦の辺の長さ4cm程度の余白を設けるのが、登記実務上の取扱いです。

（注2）本作成例は、登記申請書に直接記載する方法を採った場合です。その他の登記すべき事項の提出方法は、Q18の3を参照してください。

（注3）委任状の作成例は、本問の②を参照してください。

(**注4**) Q25の①及び（注17）以下、Q26の①及び（注6）（注7）を参照してください。

② 委任状の作成例

委　任　状

　　　　　　　　　　　　　　　○○県わかしお市岸の根2丁目20番20号
　　　　　　　　　　　　　　　　　　　　　清　川　書　士

　私は、上記の者を代理人に定め、次の権限を委任する。
1　代表理事海野磯夫は、平成○○年○月○日□□により、その氏名を川野磯夫に氏を変更したので〔その住所を○○県わかしお市美浜町22番地2に変更したので、〕この変更の登記を申請する一切の件

　　平成○○年○月○日

　　　　　　　　　　　　　○○県わかしお市美浜町100番地10
　　　　　　　　　　　　　わかしお漁業協同組合
　　　　　　　　　　　　　　代表理事　　川　野　磯　夫　㊞（注）

（**注**）代表理事が登記所に提出している印影の印鑑を押印します。

第2　参事の登記

Q50
参事を選任したときの登記手続について、教えてください。

　参事の権限等については、Q3の2(2)を参照してください。
　参事の選任は、理事会の議決により決定し（法45条2項）、その主たる事務所の所在地において、その登記をしなければなりません（法105条）。

1　申請人
　　漁協組合を代表する代表理事1人が申請人になります。
2　登記事項
　　参事の氏名及び住所、参事を置いた事務所を登記します（法105条）。
3　添付書類
　　参事の選任を証する書面を添付しなければなりません（法120条、商登法45条1項）。
　(1)　理事会議事録
　　　参事の選任が適正に行われ、どのような選任がされたのかを証するために理事会議事録を添付します。
　(2)　委任状（法120条、商登法18条）
　　　代理人によって登記を申請する場合は、代理権限を証する書面として、申請人の委任状を添付します。
　　なお、理事会議事録が電磁的記録で作成されているときは、当該電磁的記録に記録された情報の内容を記録した電磁的記録（法務省令で定めるものに限る。）を、当該登記申請書に添付しなければなりません（法120条、商登法19条の2）。

第 7 章　代表理事の変更・参事の登記（Q50）

① 登記申請書の作成例

受付番号票貼付欄（注1）

漁業協同組合参事選任登記申請書

1　名　　　称　　わかしお漁業協同組合
1　主たる事務所　○○県わかしお市美浜町100番地10
1　登記の事由　　参事の選任
1　登記すべき事項　参事の氏名及び住所
　　（注2）　　　　○○県しおさい市希望が浜三丁目3番3号
　　　　　　　　　砂　浜　浅　理
　　　　　　　参事を置いた事務所
　　　　　　　　　○○県しおさい市月見町200番地20の従たる
　　　　　　　　事務所（注3）
1　添　付　書　類　理事会議事録　　1通（注4）
　　　　　　　　　委任状　　　　　　1通（注5）

〈以下　略〉（注6）

（注1）提出を受けた登記所の手続に必要な欄として、登記申請書の初葉の最上部に縦の辺の長さ4cm程度の余白を設けるのが、登記実務上の取扱いです。
（注2）本作成例は、登記申請書に直接記載する方法を採った場合です。その他の登記すべき事項の提出方法は、Q18の3を参照してください。
（注3）本作成例は、参事を従たる事務所に置いた場合です。主たる事務所に置いた場合は、主たる事務所の所在場所を記載し、その次に「の主たる事務所」と記載します。
　　　参事を従たる事務所に置いたとしても、その登記は主たる事務所の所在地においてします（本問の本文柱書きを参照）。
（注4）理事会議事録の作成例は、本問の②を参照してください。
（注5）委任状の作成例は、本問の③を参照してください。
（注6）Q25の①及び（注17）以下、Q26の①及び（注6）（注7）を参照してください。

153

② 理事会議事録の作成例

理 事 会 議 事 録

〈中　略〉（注）

8　参事の選任に関する件
　　議長は、従たる事務所に参事を置くこととし、この参事に砂浜浅理を選任したいとして議場に諮ったところ、全員の一致をもって、可決した。

〈以下　略〉（注）

（注）Q25の⑤を参照してください。

③ 委任状の作成例

委　任　状

○○県わかしお市岸の根２丁目20番20号
清　川　書　士

私は、上記の者を代理人に定め、次の権限を委任する。
1　当組合が、○○県しおさい市希望が浜三丁目３番３号、砂浜浅理を参事に選任し、同参事を○○県しおさい市月見町200番地20の従たる事務所に置いたことに関する参事の選任の登記を申請する一切の件
1　原本還付の請求及び受領の件（注１）

　　平成○○年○月○日
○○県わかしお市美浜町100番地10
わかしお漁業協同組合
　代表理事　海　野　磯　夫　㊞（注２）

（注１）原本還付を請求する場合に記載します。登記申請書に添付した理事会議事録の原本還付については、Q48のパターンＣの①（注８）を参照してください。
（注２）代表理事が登記所に提出している印影の印鑑を押印します。

Q51

参事の氏名又は住所に変更が生じたときの登記手続について、教えてください。

参事の氏名又は住所に変更があったときは、その変更の登記をしなければなりません（法105条後段）。

登記手続は、漁協組合を代表する代表理事が申請人となり、代理人によって登記を申請する場合の申請人の委任状以外には、参事の変更を証する書面の添付は必要ありません。

登記申請書及び委任状は、Q49を参考にして作成してください。

Q52

参事が辞任し又は解任されたときなどの登記手続について、教えてください。

参事の解任は、理事会の議決により決定すると規定されていますが（法45条2項）、漁協組合の准組合員を除く正組合員は、総正組合員の10分の1（これを下回る割合を定款で定めた場合にあっては、その割合）以上の同意を得て、理事に対し、解任の理由を記載した書面を提出し、参事の解任を請求することができ、理事は、その請求に係る当該参事の解任の可否を決する日から7日前までに、当該参事に対し、上記解任の理由を記載した書面又はその写しを送付して弁明の機会を与えた上で、理事会において当該参事の解任の可否を決しなければならないとされています（法46条）。

参事が、辞任し、解任され又は死亡によって、その代理権が消滅したときは、代表理事は、主たる事務所の所在地において、参事の代理権が消滅したことを証する書面を添付して、その登記をしなければなりません（法105条後段）。

① 登記申請書の作成例

```
┌─────────────────────────────────────────────┐
│          受付番号票貼付欄（注１）              │
│                                             │
└─────────────────────────────────────────────┘

          **漁業協同組合参事代理権消滅登記申請書**

  1  名        称    わかしお漁業協同組合
  1  主たる事務所    ○○県わかしお市美浜町100番地10
  1  登記の事由      参事の代理権消滅
  1  登記すべき事項  平成○○年○月○日参事砂浜浅理辞任
       （注２）                    ┌解任又は死亡┐
  1  添 付 書 類    理事会議事録      1通（注３）
                   辞任届（又は死亡届等） 1通（注４）
                   委任状           1通（注５）

               〈以下　略〉（注６）
```

（注１）提出を受けた登記所の手続に必要な欄として、登記申請書の初葉の最上部に縦の辺の長さ４cm程度の余白を設けるのが、登記実務上の取扱いです。

（注２）本作成例は、登記申請書に直接記載する方法を採った場合です。その他の登記すべき事項の提出方法は、Ｑ18の３を参照してください。

（注３）理事会議事録は、Ｑ48のパターンＢの②を参考に作成してください。

（注４）辞任届は、Ｑ48のパターンＢの③を参考に作成してください。

（注５）登記申請を代理人に委任する場合は、委任状の添付が必要です。作成例は、Ｑ25の⑪を参照され、委任事項の「設立の登記」を「参事砂浜浅理に係る代理権消滅の登記」に変更してください。

（注６）Ｑ25の①及び（注17）以下、Ｑ26の①及び（注６）（注７）を参照してください。

第8章 優先出資の登記

第1 優先出資の概要

Q53
優先出資について、説明してください。

　優先出資を発行できる水産組合は、6つの水産組合（Q1の1を参照）のうち、組合員（連合会にあっては所属員）の貯金又は定期積金の受入れ（法11条1項4号、87条1項4号、93条1項2号、97条1項2号）の事業を行う漁協組合、漁協連合、加工組合及び加工連合に限られています（優先出資法2条1項6号。以下「協同組織金融機関」という。）。なお、作成例については、第4章以下と同じく、漁協組合の場合を示します。

　優先出資とは、組合員又は所属員が水産業協同組合法に基づいて払込みを行った「普通出資」を補完するものです（優先出資法1条）。

　この普通出資を払い込んだ組合員又は所属員に対する剰余金の配当は、水産業協同組合法の規定にかかわらず、優先出資者に対する優先的配当を行った後でなければ行ってはならないとされ（優先出資法2条3項7号、19条2項）、また、残余財産の分配も、普通出資者に対する分配に先立って行うものとするとされています（優先出資法20条1項）。

　優先出資は水産業協同組合法にいう出資ではないとされていますので（優先出資法43条1項）、基本的には、登記事項である払込済みの出資の総額は水産業協同組合法に基づく普通出資の総額であって、優先出資が発行されたとしても、この払込済みの出資の総額に影響はありません。

　なお、発行する優先出資を引き受ける者を募集しようとするとき、優先出資の消却をしようとするときなど、その協同組織金融機関は、行政庁に対する認可申請をしなければならず（優先出資法6条1項、8条1項、15条2項）、この認可を受けた事項を実行したときはその旨を行政庁に届けなければならないとされています（同法47条）。

第2　優先出資の登記

Q54
優先出資の登記事項について、教えてください。

　協同組織金融機関は、優先出資を発行するときは、次に掲げる事項を登記しなければなりません。また、これらの登記事項に変更を生じた場合も同様に変更の登記をしなければなりません（優先出資法45条1項）。
1　定款で定めた優先出資の総口数の最高限度（同項1号）
2　発行済優先出資の総口数並びに種類及び種類ごとの口数（同項2号）
3　優先出資発行後の資本金の額から普通出資の総額を控除して得た額（同項3号）
4　優先出資証券発行協同組織金融機関であるときは、その旨（同項4号）
5　優先出資者名簿管理人を置いたときは、その氏名又は名称及び住所並びに営業所（同項5号）

　上記の登記を必要とする事項は、登記の後でなければ、これをもって第三者に対抗することができません（優先出資法45条2項）。

Q55
優先出資の総口数の最高限度を変更したときの登記手続について、教えてください。

　協同組織金融機関は、優先出資を発行しようとするときは、その口数及び内容について、優先出資の総口数の最高限度等の優先出資法5条1項各号に規定されている所定の事項を定款で定めなければならないとされています。

　また、定款の変更に係る普通出資者総会の議決は、いわゆる特別議決を必要とするとされています（Q7の2を参照）。

　登記手続は、次のとおりです。

第 8 章　優先出資の登記 (Q54・Q55)

1　登記期間

　優先出資の総口数の最高限度 (内容の異なる 2 種類以上の優先出資を発行する場合にはその種類ごとの口数) を定めたとき又は変更したときの登記は、当該事項を定めた日又は当該事項に係る定款を変更した日から 2 週間以内に、主たる事務所の所在地においてしなければなりません (優先出資法 45 条 1 項 1 号、優先出資令 11 条 1 項)。この期間内に登記することを怠ったときは、100 万円以下の過料に処せられることがあります (優先出資法 61 条 1 項 18 号)。

2　申請人

　協同組織金融機関を代表する代表理事 1 人が申請人になります。

3　添付書類

　添付する書面は、個々の内容によって異なりますが、次のようになります。

(1)　**普通出資者総会議事録等** (優先出資令 12 条 1 項)

　普通出資者総会 (優先出資法 2 条 6 項) の議事録を添付します。普通出資者総会とは、協同組織金融機関の根拠法である水産業協同組合法に基づいて招集される総会又は総代会をいうとされています (優先出資法 2 条 1 項 6 号・3 項 7 号・6 項)。これが総代会の場合には、定款に総代会に関する定めがあることを証するために、定款をも添付します。

(2)　**定款** (優先出資令 13 条)

　定款の変更を要する場合には、定款を添付します。

(3)　**定款変更認可書**

　定款の変更手続につき (Q 28 の 1 を参照)、行政庁の認可を受けていることを証するために添付します。

(4)　**委任状** (法 120 条、商登法 18 条)

　代理人によって登記を申請する場合は、代理権限を証する書面として、申請人の委任状を添付します。

　なお、定款、議事録等、登記申請書に添付すべき書面が電磁的記録で作成されているときは、当該電磁的記録に記録された情報の内容を記録した電磁的記録 (法務省令で定めるものに限る。) を、当該登記申請書に添付しなければなりません (法 120 条、商登法 19 条の 2)。

① 登記申請書の作成例

```
┌─────────────────────────────────────────────┐
│  ┌───────────────────────────────────────┐  │
│  │      受付番号票貼付欄（注１）          │  │
│  │                                       │  │
│  │                                       │  │
│  └───────────────────────────────────────┘  │
│                                             │
│         漁業協同組合優先出資（変更）登記申請書    │
│                                             │
│   1  名      称    わかしお漁業協同組合        │
│   1  主たる事務所   ○○県わかしお市美浜町100番地10 │
│   1  登記の事由    優先出資の総口数の最高限度の変更（注２） │
│   1  登記すべき事項 平成○○年○月○日優先出資の総口数の最高 │
│         （注３）    限度の変更          （注４）  │
│                    優先出資の総口数の最高限度　35万口 │
│                                     （注５）  │
│   1  認可書到達の年月日 平成○○年○月○日（注６） │
│   1  添　付　書　類  普通出資者総会議事録　1通（注７） │
│                    定款              1通    │
│                    定款変更認可書      1通（注８） │
│                    委任状            1通（注９） │
│                                             │
│              〈以下　略〉（注10）              │
└─────────────────────────────────────────────┘
```

（注１）提出を受けた登記所の手続に必要な欄として、登記申請書の初葉の最上部に縦の辺の長さ4cm程度の余白を設けるのが、登記実務上の取扱いです。

（注２）優先出資の総口数の最高限度を定款で初めて定めた場合は、「変更」を「設定」と記載します。

（注３）本作成例は、登記申請書に直接記載する方法を採った場合です。その他の登記すべき事項の提出方法は、Q18の3を参照してください。

（注４）優先出資の総口数の最高限度についての定款を変更した年月日を記載します。

（注５）内容の異なる2種類以上の優先出資を発行する場合には、その種類及び種類ごとの総口数の最高限度をも記載します（本問の1を参照）。

（注６）定款変更認可書が到達した年月日を記載します。

160

第8章　優先出資の登記（Q56）

(注7) 普通出資者総会（本問の3(1)を参照）の議事録の作成例は、本問の②を参照してください。
(注8) 定款変更認可書を添付します。なお、定款変更認可書の写しに「原本に相違がない」旨を記載し、原本とともに提出すると、原本は還付を受けることができます（法登規則5条、商登規則49条）。
(注9) 登記申請を代理人に委任する場合は、委任状の添付が必要です。作成例は、Q25の⑪を参照され、委任事項の「設立の登記」を「優先出資の総口数の最高限度の変更の登記」に変更してください。
(注10) Q25の①及び（注17）以下、Q26の①及び（注6）（注7）を参照してください。

② 普通出資者総会議事録の書式例

普通出資者臨時総会議事録

〈中　略〉（注）

7　議事の経過要領及びその結果
　　議案　優先出資の総口数の最高限度に関する定款の変更について
　　　議長は、協同組織金融機関の優先出資に関する法律第5条第1項第1号に規定する優先出資の総口数の最高限度を変更し、定款第○条に規定する「30万口」を「35万口」とする定款の変更につき、議場に諮ったところ、満場異議なく、これを可決した。

〈以下　略〉（注）

（注）Q29の③を参照してください。

Q56

優先出資を発行したときの登記手続について、教えてください。

　協同組織金融機関は、その発行する優先出資を引き受ける者の募集をしようとするときは、所定の事項を定めて、当該組合の行政庁である都道府

県知事又は主務大臣の認可を受けなければならないとされています（優先出資法6条1項、50条1項、優先出資令1条）。また、優先出資の募集において、優先出資者に優先出資の割当てを受ける権利を与える場合においては、募集事項のほか、所定の事項を定めて、行政庁の認可を受けなければならないとされています（優先出資法8条1項、優先出資令2条）。

登記手続は、次のとおりです。

1　登記期間

　優先出資を発行したときは、優先出資を発行した日（又は登記事項に変更が生じた日）から2週間以内に、主たる事務所の所在地において登記をしなければなりません（優先出資法45条1項2号・3号、優先出資令11条2項）。ただし、優先出資と引換えにする金銭の払込みの期日又はその期間を定めた場合には、当該期間の末日現在により、当該末日から2週間以内にすれば足ります（優先出資法6条1項3号、優先出資令11条2項ただし書）。

　これらの期間内に登記することを怠ったときは、100万円以下の過料に処せられることがあります（優先出資法61条1項18号）。

2　申請人

　協同組織金融機関を代表する代表理事1人が申請人になります。

3　添付書類

　添付する書面は、個々の内容によって異なりますが、次のようになります。

(1)　**優先出資の引受けの申込みを証する書面**（優先出資令14条1号）

　優先出資割当証、優先出資引受契約書を添付します。

(2)　**払込みがあったことを証する書面**（優先出資令14条2号）

　金融機関の優先出資払込証明書を添付します。

(3)　**優先出資の払込金額の総額のうち資本金に計上しない額を証する書面**（優先出資令14条3号）

　優先出資法6条1項に基づく行政庁の認可書を添付します。

(4)　**委任状**（法120条、商登法18条）

　代理人によって登記を申請する場合は、代理権限を証する書面として、申請人の委任状を添付します。

　なお、登記申請書に添付すべき書面が電磁的記録で作成されていると

第8章 優先出資の登記（Q56）

きは、当該電磁的記録に記録された情報の内容を記録した電磁的記録（法務省令で定めるものに限る。）を、当該登記申請書に添付しなければなりません（法120条、商登法19条の2）。

登記申請書の作成例

受付番号票貼付欄（注1）

漁業協同組合優先出資登記申請書

1　名　　　　称　　わかしお漁業協同組合
1　主たる事務所　　○○県わかしお市美浜町100番地10
1　登 記 の 事 由　　優先出資の発行
1　登記すべき事項　　平成○○年○月○日優先出資の発行
　　　（注2）　　　発行済優先出資の総口数　○○万口（注3）
　　　　　　　　　　優先出資発行後の資本金の額から普通出資の総額
　　　　　　　　　　を控除して得た額　○億円
1　添 付 書 類　　優先出資の引受けの申込みを証する書面
　　　　　　　　　　　　　　　　　　　　　　　　　○通（注4）
　　　　　　　　　　優先出資の払込みがあったことを証する書面
　　　　　　　　　　　　　　　　　　　　　　　　　○通（注5）
　　　　　　　　　　優先出資の払込金額の総額のうち資本金に計上し
　　　　　　　　　　ない額を証する書面　　　　　　1通（注6）
　　　　　　　　　　委任状（注7）

　　　　　　　　　　〈以下　略〉（注8）

（注1）提出を受けた登記所の手続に必要な欄として、登記申請書の初葉の最上部に縦の辺の長さ4cm程度の余白を設けるのが、登記実務上の取扱いです。
（注2）　本作成例は、登記申請書に直接記載する方法を採った場合です。その他の登記すべき事項の提出方法は、Q18の3を参照してください。
（注3）内容の異なる2種類以上の優先出資を発行する場合には、その種類及び

163

種類ごとの口数をも記載します。
(注4) 優先出資割当証の作成例は、Q25の⑨を参照してください。
(注5) 優先出資払込証明書の作成例は、Q25の⑩を参照してください。
(注6) 優先出資法6条1項に基づく行政庁の認可書を添付します。なお、認可書の写しに「原本に相違がない」旨を記載し、原本とともに提出すると、原本は還付を受けることができます（法登規則5条、商登規則49条）。
(注7) 登記申請を代理人に委任する場合は、委任状の添付が必要です。作成例は、Q25の⑪を参照され、委任事項の「設立の登記」を「優先出資の発行の登記」に変更してください。
(注8) Q25の①及び（注17）以下、Q26の①及び（注6）（注7）を参照してください。

Q57

自己の優先出資を取得して優先出資の消却をしたときの登記手続について、教えてください。

　協同組織金融機関は、普通出資者総会の決議によって、資本金の額を変更することなく、優先出資の消却を行うことができるとされています（優先出資法15条1項）。この要件として、①剰余金の配当の限度額からその事業年度の優先的配当の額を控除して得た額の全部又は一部をもって自己の優先出資を取得して消却を行う場合（同項1号。以下、本問において「パターンA」という。）、②普通出資の増加によって得た資金をもって自己の優先出資を取得して消却を行う場合（同項2号。以下、本問において「パターンB」という。）があります。普通出資者総会の決議は、特別議決（Q7の2を参照）を必要とするとされています（同条4項）。
　優先出資証券を発行する旨を定款で定めた協同組織金融機関が、消却のために自己の優先出資を取得する場合は、株券の提出に関する公告（会社法219条1項）に準じた公告（以下「優先出資証券提供公告」という。）等をしなければならないとされています（優先出資法15条5項）。
　優先出資の消却を行おうとするときは、当該協同組織金融機関の行政庁である都道府県知事又は主務大臣の認可を受けなければならないとされています（優先出資法15条2項、50条1項、優先出資令4条）。

第8章　優先出資の登記（Q57）

登記手続は、次のとおりです。
1　登記期間
　優先出資の消却をしたときは、登記事項に変更が生じた日から2週間以内に、主たる事務所の所在地において登記をしなければなりません（優先出資法45条1項2号・3号、優先出資令11条2項）。この期間内に登記することを怠ったときは、100万円以下の過料に処せられることがあります（優先出資法61条1項18号）。
2　申請人
　協同組織金融機関を代表する代表理事1人が申請人になります。
3　登記事項
(1)　パターンAの場合
　発行済優先出資の総口数についての変更の登記をします。
　なお、内容の異なる2種類以上の優先出資を発行している場合には、その種類及び種類ごとの口数をも登記します。
(2)　パターンBの場合
　出資の総口数、払込済みの出資の総額、発行済優先出資の総口数（内容の異なる2種類以上の優先出資を発行している場合には、その種類及び種類ごとの口数を含む。）及び優先出資発行後の資本金の額から普通出資の総額を控除して得た額についての変更の登記をします。
4　添付書類
　代理人によって登記を申請する場合における申請人の委任状を添付するほか、添付する書面は、個々の内容によって異なりますが、次のようになります。
(1)　パターンAの場合
　ア　普通出資者総会議事録（優先出資令12条1項）
　　普通出資者総会（優先出資法2条6項）議事録を添付します。普通出資者総会について、協同組織金融機関における意義等は、Q55の3(1)を参照してください。
　　また、優先出資の消却に当たり、一部の種類の優先出資者に損害を及ぼす場合は、優先出資者総会の承認を要しますので（優先出資法32条2号）、その議事録を添付します。なお、優先出資者総会の決議があったものとみなされる場合には（優先出資法40条3項、会

165

社法319条1項)、上記議事録に代えて、みなされる場合に該当することを証する書面を添付します（優先出資令12条2項)。

　イ　**剰余金の存在を証する書面**（優先出資令15条1項1号）
　　　貸借対照表、監事が作成した証明書等を添付します。
　ウ　**優先出資証券提供公告等**（優先出資令15条1項2号）
　　　優先出資証券を発行する旨を定款で定めた協同組織金融機関は、優先出資証券提供公告、又は当該優先出資の全部について優先出資証券を発行していないことを証する書面（優先出資の全部について出資者から不所持申出がされていること（優先出資法31条1項、会社法217条）を記載した優先出資者名簿）を添付します。

(2)　パターンBの場合
　ア　**上記(1)アの書面**（優先出資令12条1項）
　イ　**普通出資の増加によって得た資金の存在を証する書面**（優先出資令15条2項1号）
　　　貸借対照表、監事が作成した証明書等を添付します。
　ウ　**上記(1)ウの書面**（優先出資令15条2項2号）

なお、議事録等、登記申請書に添付すべき書面が電磁的記録で作成されているときは、当該電磁的記録に記録された情報の内容を記録した電磁的記録（法務省令で定めるものに限る。）を、当該登記申請書に添付しなければなりません（法120条、商登法19条の2）。

第8章　優先出資の登記（Q57）

パターンA
① 登記申請書の作成例

```
┌─────────────────────────────────────────────┐
│                                             │
│           受付番号票貼付欄（注1）           │
│                                             │
│                                             │
└─────────────────────────────────────────────┘

         漁業協同組合優先出資変更登記申請書

  1  名      称    わかしお漁業協同組合
  1  主たる事務所  ○○県わかしお市美浜町100番地10
  1  登記の事由    剰余金による優先出資の消却
  1  登記すべき事項 平成○○年○月○日発行済優先出資の総口数の変
      （注2）     更                      （注3）
                  発行済優先出資の総口数　○○万口（注4）
  1  添付書類    普通出資者総（代）会議事録    1通（注5）
                 優先出資者総会議事録        1通 ｝（注6）
                 剰余金の存在を証する書面     1通
                 優先出資証券提供公告をしたこと
                 を証する書面（又は優先出資の全
                 部について優先出資証券を発行し
                 ていないことを証する書面）    1通（注7）

              〈以下　略〉（注8）
```

（注1）提出を受けた登記所の手続に必要な欄として、登記申請書の初葉の最上部に縦の辺の長さ4cm程度の余白を設けるのが、登記実務上の取扱いです。
（注2）本作成例は、登記申請書に直接記載する方法を採った場合です。その他の登記すべき事項の提出方法は、Q18の3を参照してください。
（注3）優先出資の消却の効力が生じた年月日を記載します。
（注4）内容の異なる2種類以上の優先出資を発行している場合には、その種類及び種類ごとの口数をも記載します。
（注5）普通出資者総会議事録の書式例は、本パターンの②を参照してください。
（注6）優先出資者総会の承認を要する場合に添付します（本問の4(1)アを参照）。
（注7）優先出資証券提供公告の作成例は、本パターンの③を参照してください。
（注8）Q25の①及び（注17）以下、Q26の①及び（注6）（注7）を参照してください。

167

② 普通出資者総会議事録の書式例

> **普通出資者臨時総会議事録**
>
> 〈中　略〉（注）
>
> 7　議事の経過要領及びその結果
> 　　議案　剰余金による優先出資の消却について
> 　　　　議長は、協同組織金融機関の優先出資に関する法律第15条第1項第1号に基づき、剰余金の配当の限度額から本年度の優先的配当の額を控除して得た額○○万円の全部をもって、優先出資○○○口を消却したいとして、議場に諮ったところ、満場異議なく、これを可決した。
>
> 〈以下　略〉（注）

（注） Q 29 の③を参照してください。

③ 優先出資証券提供公告の作成例

> **優先出資証券提供公告**
>
> 　当組合は、平成○○年○月○日開催の臨時普通出資者総会において、協同組織金融機関の優先出資に関する法律第15条第1項第1号に基づき、剰余金の配当の限度額から本年度の優先的配当の額を控除して得た額○○万円の全部をもって、優先出資○○○口を消却することを決議しました。その効力は平成○○年○月○日に発生しますので、当組合の優先出資証券を所有する方は、本公告掲載の翌日から1か月以内に優先出資証券を当組合に提出ください。なお、期日までに提出されない優先出資証券は無効となります。
>
> 　　平成○○年○月○日
>
> 　　　　　　　　　　　○○県わかしお市美浜町100番地10
> 　　　　　　　　　　　わかしお漁業協同組合
> 　　　　　　　　　　　　　　代表理事　　海　野　磯　夫

第 8 章　優先出資の登記（Q57）

パターンB
① 登記申請書の作成例

受付番号票貼付欄（注１）

漁業協同組合優先出資変更登記申請書

1　名　　　　称　　わかしお漁業協同組合
1　主たる事務所　　○○県わかしお市美浜町100番地10
1　登記の事由　　普通出資の増加によって得た資金による優先出資の消却
1　登記すべき事項　平成○○年○月○日（注３）
　　（注２）　　出資の総口数
　　　　　　　　払込済み出資の総額
　　　　　　　　発行済優先出資の総口数　　　｝の変更
　　　　　　　　優先出資発行後の資本金の額から
　　　　　　　　普通出資の総額を控除して得た額
　　　　　　　　出資の総口数　　　○○○万○○○○口
　　　　　　　　払込済出資総額　　金○○億○○○○万○○○○円
　　　　　　　　発行済優先出資の総口数　　○○万口（注４）
　　　　　　　　優先出資発行後の資本金の額から普通出資の総額を控除して得た額　　○億○○○○万円
1　添付書類　　普通出資者総（代）会議事録　　1通（注５）
　　　　　　　　優先出資者総会議事録　　　　　1通　｝（注６）
　　　　　　　　普通出資の増加によって得た
　　　　　　　　資金の存在を証する書面　　1通
　　　　　　　　協同組織金融機関の優先出資に関する法律第15条第５項において準用する会社法第219条第１項による公告を証する書面（又は優先出資の全部について優先出資証券を発行していないことを証する書面）　　　　　　　　　　1通（注７）

〈以下　略〉（注８）

(注1) 提出を受けた登記所の手続に必要な欄として、登記申請書の初葉の最上部に縦の辺の長さ4cm程度の余白を設けるのが、登記実務上の取扱いです。
(注2) 本作成例は、登記申請書に直接記載する方法を採った場合です。その他の登記すべき事項の提出方法は、Q18の3を参照してください。
(注3) 優先出資の消却の効力が生じた年月日を記載します。
(注4) 内容の異なる2種類以上の優先出資を発行している場合には、その種類及び種類ごとの口数をも記載します。
(注5) 普通出資者総会議事録の書式例は、本パターンの②を参照してください。
(注6) 優先出資者総会の承認を要する場合に添付します(本問の4(2)ア及び(1)アを参照)。
(注7) 優先出資証券提供公告の作成例は、本問のパターンAの③を参考にしてください。
(注8) Q25の①及び(注17)以下、Q26の①及び(注6)(注7)を参照してください。

② 普通出資者総会議事録の書式例

普通出資者臨時総会議事録

〈中　略〉(注)

7　議事の経過要領及びその結果
　議案　普通出資の増加によって得た資金による優先出資の消却について
　　議長は、協同組織金融機関の優先出資に関する法律第15条第1項第2号に基づき、普通出資の増加によって得た資金〇〇万円をもって、優先出資〇〇〇口を消却したいとして、議場に諮ったところ、満場異議なく、これを可決した。

〈以下　略〉(注)

(注) Q29の③を参照してください。

第 8 章　優先出資の登記（Q58）

Q58
資本準備金の額を減少し資本金の額が増加したときの登記手続について、教えてください。

　優先出資の払込金額のうち資本金として計上しない額は資本準備金として計上しなければならず（優先出資法42条3項）、この資本準備金は、損失のてん補に充てる以外の場合には、行政庁の認可を受けることによって、資本金に計上することができるとされています（同条4項）。
　登記手続は、次のとおりです。
1　登記期間
　　資本金の増加によって登記事項である「優先出資発行後の資本金の額から普通出資総額を控除して得た額」（Q54の3を参照）に変更が生じたときは、行政庁の認可書が到達した日から2週間以内に、主たる事務所の所在地において、その旨の登記をしなければなりません（優先出資法45条1項3号、優先出資令11条2項）。この期間内に登記することを怠ったときは、100万円以下の過料に処せられることがあります（優先出資法61条1項18号）。
2　申請人
　　協同組織金融機関を代表する代表理事1人が申請人になります。
3　添付書類
　(1)　**減少した資本準備金の額が計上されていたことを証する書面**（優先出資令16条）
　　　貸借対照表を添付します。
　(2)　**行政庁の認可書**（法120条、商登法19条）
　　　資本準備金を減少させて資本金を増額させるためには、行政庁の認可を受けなければなりませんので、行政庁の認可を受けていることを証するために添付します。
　(3)　**委任状**（法120条、商登法18条）
　　　代理人によって登記を申請する場合は、代理権限を証する書面として、申請人の委任状を添付します。
　　なお、登記申請書に添付すべき書面が電磁的記録で作成されていると

171

きは、当該電磁的記録に記録された情報の内容を記録した電磁的記録（法務省令で定めるものに限る。）を、当該登記申請書に添付しなければなりません（法120条、商登法19条の2）。

登記申請書の作成例

```
┌─────────────────────────────────────────────┐
│                                             │
│        受付番号票貼付欄（注1）                │
│                                             │
│                                             │
│                                             │
│                                             │
│      漁業協同組合優先出資変更登記申請書        │
│                                             │
│ 1  名        称     わかしお漁業協同組合      │
│ 1  主たる事務所     ○○県わかしお市美浜町100番地10 │
│ 1  登記の事由       資本金の額の増加          │
│ 1  登記すべき事項   平成○○年○月○日優先出資発行後の資本金 │
│     （注2）         の額から普通出資の総額を控除して得た額の │
│                    変更（注3）                │
│                      優先出資発行後の資本金の額から普通出資 │
│                      の総額を控除して得た額    │
│                        金○○億○○○○万円    │
│ 1  認可書到達の年月日 平成○○年○月○日（注3） │
│ 1  添付書類         減少に係る資本準備金の額が │
│                    計上されていたことを証する書面    1通 │
│                    資本準備金減少認可書        1通（注4）│
│                    委任状                    1通（注5）│
│                                             │
│              〈以下　略〉（注6）              │
│                                             │
└─────────────────────────────────────────────┘
```

（注1）提出を受けた登記所の手続に必要な欄として、登記申請書の初葉の最上部に縦の辺の長さ4cm程度の余白を設けるのが、登記実務上の取扱いです。

（注2）本作成例は、登記申請書に直接記載する方法を採った場合です。その他の登記すべき事項の提出方法は、Q18の3を参照してください。

（注3）認可書が到達した年月日を記載します。

第 8 章　優先出資の登記（Q59）

- **（注 4 ）** 定款変更認可書を添付します。なお、定款変更認可書の写しに「原本に相違がない」旨を記載し、原本とともに提出すると、原本は還付を受けることができます（法登規則 5 条、商登規則 49 条）。
- **（注 5 ）** 登記申請を代理人に委任する場合は、委任状の添付が必要です。作成例は、Q 25 の⑪を参照され、委任事項の「設立の登記」を「資本金の額の変更の登記」に変更してください。
- **（注 6 ）** Q 25 の①及び（注 17）以下、Q 26 の①及び（注 6 ）（注 7 ）を参照してください。

Q59 優先出資証券の発行を廃止したときの登記手続について、教えてください。

　協同組織金融機関は、優先出資証券を発行する旨を定款で定めることができるとされ（優先出資法 29 条 1 項）、この証券を発行する協同組織金融機関（以下「優先出資証券発行協同組織金融機関」という。）である旨を登記しなければなりません（Q 54 の 4 参照）。したがって、その後、優先出資証券の発行を廃止し、優先出資証券発行協同組織金融機関でなくなったときは、その変更の登記をしなければなりません（同法 45 条 1 項 4 号、優先出資令 11 条 3 項）。

　この優先出資証券を発行する旨の定款の定めを廃止する定款の変更をしようとするときは、水産業協同組合法所定の手続（Q 28 の 1 を参照）のほか、株券を発行する旨の定款の定めの廃止に関する公告（会社法 218 条 1 項）に準じた公告（以下「優先出資証券廃止公告」という。）等をしなければならないとされています（優先出資法 31 条 1 項）。

　登記手続は、次のとおりです。

1　登記期間

　優先出資証券発行協同組織金融機関でなくなったときは、登記事項に変更が生じた日から 2 週間以内に、主たる事務所の所在地において、その旨の登記をしなければなりません（優先出資法 45 条 1 項 4 号、優先出資令 11 条 3 項）。この期間内に登記することを怠ったときは、100 万円以下の過料に処せられることがあります（優先出資法 61 条 1 項 18 号）。

173

2　申請人

　協同組織金融機関を代表する代表理事1人が申請人になります。

3　添付書類

(1)　**普通出資者総会議事録**（優先出資令12条1項）

　定款変更の決議が適正に行われ、優先出資証券発行協同組織金融機関でなくなったことを証するために、普通出資者総会（優先出資法2条6項）議事録を添付します。

　普通出資者総会の意義等については、Q55の3(1)を参照してください。

(2)　**定款変更認可書**（法120条、商登法19条）

　優先出資証券を発行する旨の定めを廃止する定款の変更に係る行政庁の認可を受けていることを証するために添付します。

(3)　**優先出資証券廃止公告**（優先出資令17条）

　優先出資証券廃止公告、又は優先出資の全部について優先出資証券を発行していないことを証する書面（優先出資の全部について出資者から不所持申出がされていること（優先出資法31条1項、会社法217条）を記載した優先出資者名簿）を添付します。

(4)　**委任状**（法120条、商登法18条）

　代理人によって登記を申請する場合は、代理権限を証する書面として、申請人の委任状を添付します。

　なお、議事録等、登記申請書に添付すべき書面が電磁的記録で作成されているときは、当該電磁的記録に記録された情報の内容を記録した電磁的記録（法務省令で定めるものに限る。）を、当該登記申請書に添付しなければなりません（法120条、商登法19条の2）。

第8章　優先出資の登記（Q59）

① 登記申請書の作成例

受付番号票貼付欄（注1）

漁業協同組合優先出資変更登記申請書

1　名　　　　称　　　わかしお漁業協同組合
1　主たる事務所　　　○○県わかしお市美浜町100番地10
1　登記の事由　　　　優先出資証券を発行する旨の定めの廃止
1　登記すべき事項　　平成○○年○月○日廃止（注3）
　　　　（注2）　　　　優先出資証券発行協同組織金融機関である
　　　　　　　　　　　旨の定め
1　認可書到達の年月日　平成○○年○月○日（注3）
1　添　付　書　類　　普通出資者総会議事録　　　1通（注4）
　　　　　　　　　　　定款変更認可書　　　　　　1通（注5）
　　　　　　　　　　　協同組織金融機関の優先出資に関する法律第
　　　　　　　　　　　31条第1項において準用する会社法第218
　　　　　　　　　　　条第1項による公告を証する書面（又は優先
　　　　　　　　　　　出資の全部について優先出資証券を発行して
　　　　　　　　　　　いないことを証する書面）　1通（注6）
　　　　　　　　　　　委任状（注7）

　　　　　　　　　　　〈以下　略〉（注8）

（注1）提出を受けた登記所の手続に必要な欄として、登記申請書の初葉の最上部に縦の辺の長さ4cm程度の余白を設けるのが、登記実務上の取扱いです。
（注2）本作成例は、登記申請書に直接記載する方法を採った場合です。その他の登記すべき事項の提出方法は、Q18の3を参照してください。
（注3）定款変更認可書が到達した年月日を記載します。
（注4）普通出資者総会の議事録の書式例は、本問の②を参照してください。
（注5）定款変更認可書を添付します。なお、定款変更認可書の写しに「原本に相違がない」旨を記載し、原本とともに提出すると、原本は還付を受ける

ことができます（法登規則 5 条、商登規則 49 条）。
（注 6） 優先出資証券廃止公告の書式例は、本問の③を参照してください。
（注 7） 登記申請を代理人に委任する場合は、委任状の添付が必要です。作成例は、Q 25 の⑪を参照され、委任事項の「設立の登記」を「優先出資証券を発行する旨の定めの廃止の登記」に変更してください。
（注 8） Q 25 の①及び（注 17）以下、Q 26 の①及び（注 6）（注 7）を参照してください。

② 普通出資者総会議事録の書式例

普通出資者臨時総会議事録

〈中　略〉（注）

7　議事の経過要領及びその結果
　　議案　定款一部変更の件
　　　議長は、優先出資証券の発行を廃止することにより○○が図られることから、優先出資証券を発行しないこととし、定款○条を削除したい旨を議場に諮ったところ、満場異議なく、これを原案どおり可決した。

〈以下　略〉（注）

（注）Q 29 の③を参照してください。

③ 優先出資証券提供公告の書式例

優先出資証券廃止公告

　当組合は、平成○○年○月○日付けをもって優先出資証券を発行する旨の定款の定めを廃止することとしましたので、公告します。
　平成○○年○月○日に定款変更の効力が発生し、同日に優先出資証券は、無効となります。

〈以下　略〉（注）

（注）Q 57 のパターン A の③を参照してください。

Q60

優先出資者名簿管理人を設置又は変更したときの登記手続について、教えてください。

　協同組織金融機関は、協同組織金融機関に代わって優先出資者名簿の作成及び備置き等の事務を行う者として、優先出資者名簿管理人を置くことを定款で定め、この事務を行うことを委託できるとされ（優先出資法25条2項）、この優先出資者名簿管理人を置いたときはその氏名又は名称及び住所並びに営業所を登記しなければなりません（Q54の5を参照）。

1　登記期間

　　優先出資者名簿管理人を設置又は変更したときは、優先出資者名簿管理人との契約の効力が生じた日又はその変更を生じた日から2週間以内に、主たる事務所の所在地において、その旨の登記をしなければなりません（優先出資法45条1項5号、優先出資令11条4項）。また、この期間内に登記することを怠ったときは、100万円以下の過料に処せられることがあります（優先出資法61条1項18号）。

2　申請人

　　協同組織金融機関を代表する代表理事1人が申請人になります。

3　添付書類

　　添付する書面は、個々の内容によって異なりますが、次のようになります。

　(1)　**定款**（優先出資令18条1号）

　　　優先出資者名簿管理人を設置する規定を定めた定款を添付します。

　(2)　**優先出資者名簿管理人との契約書**（優先出資令18条2号）

　(3)　**普通出資者総会議事録**（優先出資令12条1項）

　　　定款の変更が必要な場合に、定款変更の議決が適正に行われ、優先出資者名簿管理人を置くこととしたことを証するために添付します。

　(4)　**定款変更認可書**（法120条、商登法19条）

　　　定款の変更が必要な場合に、優先出資者名簿管理人を設置する旨の定款の変更に係る行政庁の認可を受けていることを証するために添付

します。
(5) **委任状**（法 120 条、商登法 18 条）

　代理人によって登記を申請する場合は、代理権限を証する書面として、申請人の委任状を添付します。

　なお、定款等、登記申請書に添付すべき書面が電磁的記録で作成されているときは、当該電磁的記録に記録された情報の内容を記録した電磁的記録（法務省令で定めるものに限る。）を、当該登記申請書に添付しなければなりません（法 120 条、商登法 19 条の 2）。

① 登記申請書の作成例

```
　　　　　　　　　受付番号票貼付欄（注 1）


              漁業協同組合優先出資（変更）登記申請書

  1  名　　　　　称      わかしお漁業協同組合
  1  主 た る 事 務 所    ○○県わかしお市美浜町 100 番地 10
  1  登 記 の 事 由      優先出資者名簿管理人の設置（変更）
  1  登記すべき事項      平成○○年○月○日設置（変更）
       （注 2）          優先出資者名簿管理人の名称及び住所並び
                        に営業所
                            ○○県○○市○○町○丁目○番○号
                            株式会社○○信託　本店
 ⎡1  認可書到達の年月日  平成○○年○月○日⎤
 ⎣1  添 付 書 類        定款                    1 通
                        優先出資者名簿管理人との
                        契約書                  1 通（注 3）
                      ⎡普通出資者総会議事録    1 通⎤（注 4）
                      ⎣定款変更認可書          1 通⎦

                        〈以下　略〉（注 5）
```

(注1) 提出を受けた登記所の手続に必要な欄として、登記申請書の初葉の最上部に縦の辺の長さ4cm程度の余白を設けるのが、登記実務上の取扱いです。
(注2) 本作成例は、登記申請書に直接記載する方法を採った場合です。その他の登記すべき事項の提出方法は、Q18の3を参照してください。
(注3) 優先出資者名簿管理人との契約書の作成例は、本問の②を参照してください。
(注4) 普通出資者総会の議事録の書式例は、本問の③を参照してください。
(注5) Q25の①（注17）から（注20）まで及びQ26の①（注6）（注7）を参照してください。

② 優先出資者名簿管理人との契約書の作成例

優先出資者名簿管理人に関する契約書

　わかしお漁業協同組合を甲として、株式会社〇〇信託を乙として、甲及び乙は次のとおり契約を締結した。
　第〇条　甲は、乙に対し甲の優先出資者名簿管理人になることを委託し、乙はこれを承諾した。
　第〇条　乙は、その本店において、協同組織金融機関の優先出資に関する法律第25条第2項の規定に基づき、甲に代わって優先出資者名簿の作成及び備置きその他の優先出資者名簿に関する事務を代行するものとする。
　第〇条　本契約は、契約の日から〇年間とする。
　第〇条　甲は、乙に対し本契約の報酬として、1か年当たり金〇〇万円を支払うものとする。
　以上、契約を証するため、本契約書2通を作成し、各代表者が記名押印し、各1通を各自所持するものとする。

　　平成〇〇年〇月〇日

　　　　　　　　　（甲）〇〇県わかしお市美浜町100番地10
　　　　　　　　　　　　わかしお漁業協同組合
　　　　　　　　　　　　　　代　表　理　事　　海　野　磯　夫　㊞
　　　　　　　　　（乙）〇〇県〇〇市〇〇町〇丁目〇番〇号
　　　　　　　　　　　　株式会社〇〇信託
　　　　　　　　　　　　　　代表取締役　　〇　〇　〇　〇　㊞

③ 普通出資者総会議事録の書式例

```
                    普通出資者臨時総会議事録
```

〈中　略〉（注）

7　議事の経過要領及びその結果
　　議案　定款一部変更の件
　　　議長は、優先出資者名簿管理人を設置することにより○○が図られることから、定款第○条の次に次の1条を追加した旨を議場に諮ったところ、満場異議なく、これを原案どおり可決した。
　　　第○条の2　この組合は、優先出資者名簿管理人を置く。

〈以下　略〉（注）

（注）Q29の③を参照してください。

第9章　移行の登記

Q61

非出資組合（連合会）から出資組合（連合会）に移行するときの手続について、説明してください。

　非出資組合である漁協組合又は非出資連合会である漁協連合が、組合員（所属員）の貯金又は定期積金の受入れ（法 11 条 1 項 4 号、87 条 1 項 4 号）等の事業を行うため（Q 1 の 3(5)を参照）、非出資組合（連合会）から出資組合（連合会）に移行するには、次に掲げる事項を定款に定めなければならないとされています（Q 24 の 1(1)のただし書を参照）。

1　出資の 1 口の金額及びその払込みの方法並びに一組合員の有することのできる出資口数の最高限度（法 32 条 1 項 6 号、漁協連合にあっては 92 条 3 項を準用。以下本章において準用する条項を省略）
2　剰余金の処分及び損失の処理に関する規定（法 32 条 1 項 8 号）
3　準備金の額及びその積立ての方法（法 32 条 1 項 9 号）

　以上の事項が既存の非出資組合（連合会）の定款に規定されていない場合は、これらの事項を規定するための定款の変更をする手続をすることとなります（Q 28 を参照）。
　なお、組合員の貯金若しくは定期積金の受入れ又は組合員の共済に関する事業を行う漁協組合にあっては、出資の総額が一定以上でなければならない点に留意する必要があります（Q 34 の 2(4)を参照）。

Q62

非出資組合（連合会）から出資組合（連合会）に移行したときの登記手続について、教えてください。

1　登記期間
　　非出資組合（連合会）から出資組合（連合会）に移行したときは、出

資の第 1 回の払込みがあった日又は定款変更の認可があった日のいずれか遅い日から 2 週間以内に、主たる事務所の所在地において、その旨の登記をしなければなりません（法 102 条 1 項）。

2　申請人

　　漁協組合（漁協連合）を代表する代表理事 1 人が申請人になります。

3　添付書類

(1)　総（代）会議事録

　　　出資組合（連合会）に移行すること及び出資の 1 口の金額等についての定款変更の議決が適正に行われ、出資 1 口の金額、出資払込みの方法等を証するために添付します。なお、総代会において定款の変更を議決したときは、定款の規定に従って議決していることを証するために定款をも添付します。

(2)　出資の総口数を証する書面

　　　組合員（会員）の出資引受書を添付します。

(3)　出資第 1 回の払込みがあったことを証する書面

　　　払込金を保管している金融機関の保管証明書、払込金を領収した代表理事の領収書等を添付します。

(4)　定款変更認可書（法 120 条、商登法 19 条）

　　　出資 1 口の金額等に係る定款の変更は行政庁の認可を受けなければならないとされていますので（Q 28 の 2 を参照）、この認可を受けていることを証するために添付します。

　　　また、登記期間の起算日を示す書面にもなります。

(5)　委任状（法 120 条、商登法 18 条）

　　　代理人によって登記を申請する場合は、代理権限を証する書面として、申請人の委任状を添付します。

　　なお、議事録等、登記申請書に添付すべき書面が電磁的記録で作成されているときは、当該電磁的記録に記録された情報の内容を記録した電磁的記録（法務省令で定めるものに限る。）を、当該登記申請書に添付しなければなりません（法 120 条、商登法 19 条の 2 ）。

第9章　移行の登記（Q62）

① 登記申請書の書式例

```
┌─────────────────────────────────────────────┐
│          受付番号票貼付欄（注1）              │
│                                              │
│                                              │
└─────────────────────────────────────────────┘

          漁業協同組合（連合会）移行登記申請書

  1　名　　　　称　　○○漁業協同組合（連合会）
  1　主たる事務所　　○○県○○市○○町○丁目○番○号
  1　登記の事由　　　非出資組合から出資組合に移行
  1　登記すべき事項　平成○○年○月○日出資組合へ移行（注3）
  （注2）　　　　　　　出資1口の金額　　金○○○○円
                     出資の総口数　　○万○○○○口
                     払込済出資総額　　金○億○○○○万○○○
                     ○円
                     出資払込の方法　　全額一時払いとする
  1　認可書到達の年月日　平成○○年○月○日（注4）
  1　添　付　書　類　総（代）会議事録　　　　1通（注5）
                     出資の総口数を証する書面　○通（注6）
                     出資第1回の払込みが
                     あったことを証する書面　　○通（注7）
                     定款変更認可書　　　　　　1通（注8）
                     委任状　　　　　　　　　　1通（注9）

              〈以下　略〉（注10）
```

（注1）提出を受けた登記所の手続に必要な欄として、登記申請書の初葉の最上部に縦の辺の長さ4cm程度の余白を設けるのが、登記実務上の取扱いです。
（注2）本書式例は、登記申請書に直接記載する方法を採った場合です。その他の登記すべき事項の提出方法は、Q18の3を参照してください。
（注3）出資の第1回の払込みがあった日又は定款変更の認可があった日のいずれか遅い日の年月日を記載します。
（注4）定款変更認可書が到達した年月日を記載します（本問の1を参照）。

（注5）総会議事録の書式例は、本問の②を参照してください。
（注6）出資引受書の作成例は、Q25の⑦を参照してください。
（注7）保管証明書及び領収書の作成例は、Q25の⑧－1及び⑧－2を参照してください。
（注8）設立認可書を添付します。なお、定款変更認可書の写しに「原本に相違がない」旨を記載し、原本とともに提出すると、原本は還付を受けることができます（法登規則5条、商登規則49条）。
（注9）委任状の書式例は、本問の③を参照してください。
（注10）Q25の①及び（注17）以下、Q26の①及び（注6）（注7）を参照してください。

② 総会議事録の書式例

臨 時 総 会 議 事 録

〈中　略〉（注）

7　議事の経過要領及びその結果
　　第1号議案　出資組合に変更することについて
　　　議長は、水産業協同組合法第11条第1項第4号（組合員の貯金又は定期積金の受入れ）に掲げる事業を実施するため、非出資組合から出資組合に変更したい旨を議場に諮ったところ、満場一致をもって異議なく、これを可決した。
　　第2号議案　定款の変更について
　　　議長は、当組合の定款を次のとおり変更したい旨を議場に諮ったところ、満場一致をもって異議なく、これを可決した。
　　（事業）
　　第○条　この組合は、組合員のために次に掲げる事業を行う。
　　　　1～15　（現行規定）
　　　　16　組合員の貯金又は定期積金の受入れ
　　（出資口数の最高限度）
　　第○条　組合員は、出資1口以上を持たなければならない。ただし、○○○口を超えることはできない。
　　（出資1口の金額及びその払込みの方法）
　　第○条　出資1口の金額は金○○○○円とし、全額一時払込みとする。
　　（剰余金の処分）

> 第○条　剰余金は、○○○、○○○、○○○としてこれを処分する。
> （法定準備金）
> 第○条　この組合は、出資総額の2倍に相当する金額に達するまで、毎事業年度の剰余金の5分の1に相当する金額以上の金額を利益準備金として積み立てるものとする。
> （特別積立金）
> 第○条　毎事業年度の剰余金から特別積立金を積み立てて、これを損失のてん補に充てるものとする。
>
> 〈以下　略〉（注）

（注）Q 29 の③を参照してください。

③　委任状の書式例

```
                委　任　状
                      ○○県○○市○○町○丁目○番○号
                      司法書士　　○　○　○　○

  私は、上記の者を代理人に定め、次の権限を委任する。
1　当組合（連合会）の出資組合に変更したことに係る登記を申請する一切の件
1　原本還付の請求及び受領の件（注）

  平成○○年○月○日

                      ○○県○○市○○町○丁目○番○号
                      ○○漁業協同組合（連合会）
                      代表理事　○　○　○　○　㊞（注）
```

（注）Q 25 の⑪を参照してください。

Q63

出資組合(連合会)から非出資組合(連合会)に移行するときの手続について、説明してください。

1 定款の変更手続

　出資組合である漁協組合又は出資連合会である漁協連合が、非出資組合(連合会)に移行すると、出資に関する規定は不要となりますので、定款に規定している次に掲げる事項を削除する定款の変更手続をすることとなります(Q 28を参照)。

(1) 出資の1口の金額及びその払込みの方法並びに一組合員の有することのできる出資口数の最高限度(法32条1項6号)
(2) 剰余金の処分及び損失の処理に関する規定(法32条1項8号)
(3) 準備金の額及びその積立ての方法(法32条1項9号)

　また、非出資組合(連合会)への移行ですので、組合員(所属員)の貯金又は定期積金の受入れ等の事業を撤廃するということですから、これらの事業を規定する定款の変更も必要となります。

2 債権者保護手続

　出資組合(連合会)が非出資組合(連合会)に移行することは、出資者が出資した出資金額を減少させることとなりますので、債権者保護手続をしなければならないとされています(法53条)。

　出資組合(連合会)が非出資組合(連合会)に移行することの定款の変更をした日から2週間以内に、Q 34の2(1)及び(2)の手続をし、同(3)の措置を執らなければなりません。

Q64

出資組合(連合会)から非出資組合(連合会)に移行したときの登記手続について、教えてください。

1 登記期間

　出資組合(連合会)から非出資組合(連合会)に移行したときは、Q

63の手続が完了した日又は定款変更の認可があった日のいずれか遅い日から2週間以内に、主たる事務所の所在地において、その旨の登記をしなければなりません（法102条1項）。

2 申請人

漁協組合（漁協連合）を代表する代表理事1人が申請人になります。

3 添付書類

(1) 総（代）会議事録

非出資組合（連合会）に移行すること及びこれに係る定款変更の議決が適正に行われたことを証するために添付します。なお、総代会において定款の変更を議決したときは、定款の規定に従って議決していることを証するために定款をも添付します。

(2) **債権者に対する公告、知れている債権者に対する各別に催告をしたことを証する書面**（法53条2項）

公告した官報のほか、知れている債権者に対する催告をした場合は、催告書の写し1通に催告した債権者名簿を綴ったものに、代表理事が署名（記名押印）したものを添付します。

また、官報（法53条2項）のほか、定款の規定によって日刊新聞紙又は電子公告により公告をした場合（同条3項、121条2項2号・3号。いわゆる「二重公告」）は、このことが分かる書面（新聞紙又は電子公告調査機関の報告書）を添付します。

なお、知れている債権者がいる場合の債権者に対する各別の催告は、整備法の施行により、省略の制度が創設されています（Q34の2(2)ただし書を参照）。

(3) **異議を述べた債権者に対し弁済等をしたことを証する書面**

債権者の異議申述書のほか、弁済金受領書、担保契約書若しくは信託証書、又は異議債権者を害するおそれがないことの書面として、例えば、組合（連合会）が異議債権者の債権に係る被担保債権額を有する抵当権設定の登記事項証明書、又は異議債権者の債権額、弁済期、担保の有無、資産状況等を示して代表理事が作成した証明書を添付します。

異議を述べる債権者がいなかった場合は、登記申請書に「異議を述べた債権者はない。」と記載します。なお、異議がないことの証明は

申請人が行うものですので、代理人による申請の場合は、代表理事がその旨を証明した上申書を添付するのが実務上の取扱いです。

(4) **定款変更認可書**（法120条、商登法19条）

出資組合（連合会）から非出資組合（連合会）への移行に係る定款の変更は行政庁の認可を受けなければならないとされていますので（Q28の2を参照）、この認可を受けていることを証するために添付します。

また、登記期間の起算日を示す書面にもなります。

(5) **委任状**（法120条、商登法18条）

代理人によって登記を申請する場合は、代理権限を証する書面として、申請人の委任状を添付します。

なお、議事録等、登記申請書に添付すべき書面が電磁的記録で作成されているときは、当該電磁的記録に記録された情報の内容を記録した電磁的記録（法務省令で定めるものに限る。）を、当該登記申請書に添付しなければなりません（法120条、商登法19条の2）。

① 登記申請書の書式例

受付番号票貼付欄（注1）

漁業協同組合（連合会）移行登記申請書

1	名　　　　称	○○漁業協同組合（連合会）
1	主たる事務所	○○県○○市○○町○丁目○番○号
1	登記の事由	出資組合から非出資組合に移行
1	登記すべき事項 （注2）	出資1口の金額、出資の総口数、払込済出資総額及び出資払込の方法につき、平成○○年○月○日非出資組合へ移行により抹消（注3）
1	認可書到達の年月日	平成○○年○月○日（注4）
1	添付書類	総（代）会議事録　　　　　1通（注5）

第9章　移行の登記（Q64）

```
　　　　　　　公告及び催告したことを
　　　　　　　証する書面　　　　　　　○通（注6）
　　　　　　　異議債権者に対する弁済を
　　　　　　　証する書面　　　　　　　○通（注7）
　　　　　　⎡異議債権者を害するおそれが⎤
　　　　　　｜ないことを証する書面　　○通｜（注8）
　　　　　　｜異議債権者がいないことの　　｜
　　　　　　⎣上申書　　　　　　　　　1通⎦（注9）
　　　　　　　定款変更認可書　　　　　1通（注10）

　　　　　　〈以下　略〉（注11）
```

- （注1）提出を受けた登記所の手続に必要な欄として、登記申請書の初葉の最上部に縦の辺の長さ4cm程度の余白を設けるのが、登記実務上の取扱いです。
- （注2）本書式例は、登記申請書に直接記載する方法を採った場合です。その他の登記すべき事項の提出方法は、Q18の3を参照してください。
- （注3）債権者保護手続等の移行の手続が完了した日又は定款変更の認可があった日のいずれか遅い日の年月日を記載します。
- （注4）定款変更認可書が到達した年月日を記載します。
- （注5）総会議事録の書式例は、本問の②を参照してください。
- （注6）公告文は、Q35の①の作成例を参考に作成してください。この場合、同作成例中「出資1口の金額を○○○円減少し、○○○円」を「出資組合から非出資組合に移行」に変更してください。

　　　催告書は、Q35の②の作成例を参考に作成してください。この場合、同作成例中「出資1口の金額を○○○円減少し、○○○円」を「出資組合から非出資組合に移行」に変更してください。

　　　承諾書は、Q35の③の作成例を参考に作成してください。この場合、同作成例中「出資1口の金額を減少」を「出資組合から非出資組合に移行」に変更してください。
- （注7）異議申述書は、Q36の③の作成例を参考に作成してください。この場合、同作成例中「出資1口の金額を減少」を「出資組合から非出資組合に移行」に変更してください。

　　　受領書は、Q36の④の作成例を参考に作成してください。この場合、同作成例中「貴組合（連合会）の出資1口の金額を減少」を「貴組合（連合会）が出資組合から非出資組合に移行」に変更してください。
- （注8）異議債権者を害するおそれがないことの書面は、Q36の⑤の作成例を参考に作成してください。この場合、同作成例中「出資1口の金額（を）

・189

　　　　減少」を「出資組合から非出資組合に移行」に変更してください。
(注9) 異議債権者がいないことの上申書（本問の3(3)なお書を参照）は、Q 36の⑥の作成例を参考に作成してください。この場合、同作成例中「出資1口の金額を減少」を「出資組合から非出資組合に移行」に変更してください。
(注10) 設立認可書を添付します。なお、定款変更認可書の写しに「原本に相違がない」旨を記載し、原本とともに提出すると、原本は還付を受けることができます（法登規則5条、商登規則49条）。
(注11) Q 25の①及び（注17）以下、Q 26の①及び（注6）（注7）を参照してください。

② 総会議事録の書式例

臨 時 総 会 議 事 録

〈中　略〉（注）

7　議事の経過要領及びその結果
　第1号議案　非出資組合に変更することについて
　　議長は、水産業協同組合法第11条第1項第3号、同項第4号及び同項第11号に規定する事業を撤廃し、出資組合から非出資組合に変更したく、出資金の処理方法につき、○○○と説明し、議場に諮ったところ、満場一致をもって異議なく、これを可決した。
　第2号議案　定款の変更について
　　議長は、非出資組合に変更するにつき、当組合の定款の規定から、水産業協同組合法第32条第1項第6号、同項第8号及び同項第9号に定める事項を削除する定款の変更をしたい旨を議場に諮ったところ、満場一致をもって異議なく、これを可決した。

〈以下　略〉（注）

(注) Q 29の③を参照してください。

第10章
合併・権利義務承継の登記

第1　合併の手続・登記

Q65

漁業協同組合は、他の漁業協同組合と合併することができますか。

1　合併の可否

漁協組合は、他の漁協組合と合併することができます（法69条）。

合併には、新設合併と吸収合併の2通りがあります。

新設合併とは、2以上の漁協組合が合併して、新たに漁協組合を設立し、合併前の全ての漁協組合が解散することをいいます。

吸収合併とは、漁協組合が他の漁協組合と合併して存続し、他の漁協組合が解散することをいいます。

2　合併の効力発生要件等

漁協組合の合併は、総会の議決を経て（法69条1項）、行政庁の認可を受け（同条2項）、合併後に存続する漁協組合（以下「合併存続組合」という。）又は合併によって設立する漁協組合（以下「合併設立組合」という。）が、その主たる事務所の所在地において、合併設立組合については設立の登記を、合併存続組合については変更の登記をし、合併によって消滅する組合（以下「合併消滅組合」という。）については解散の登記をすることによってその効力が生じるとされています（法71条、107条）。

ただし、Q66の3のとおり、一定の要件を満たす場合は、総会の議決を経ないで、理事会（経営管理委員会を置く漁協組合は同委員会）の議決を経ることで足りるとされています（法69条の2）。

Q66 合併の手続について、説明してください。

組合の合併手続は、下図のとおりです。

合併契約の内容等の事前開示（法69条の3）
↓
合併契約の締結（総会等の議決）（法69条1項、69条の2第1項、50条）
↓
行政庁の認可（法69条2項）
↓
債権者保護手続（出資組合の場合）（法69条4項、53条、54条1項・2項）
↓
定款の作成・役員の選任（新設合併の場合）（法70条）
↓
合併の登記（法71条、107条）
↓
承継した権利義務の備置き（72条の2）

---

1 合併契約の内容の事前開示

　合併する漁協組合の理事は、下記(1)の各漁協組合ごとに、その期間、合併契約の内容のほか、下記(2)の事項を記載し若しくは記録した書面又は電磁的記録を、主たる事務所に備えて置き（法69条の3第1項、法施行規則210条の2第1項）、当該組合の組合員及び債権者の閲覧、又は謄本等の交付請求（有料）に応じなければならないとされています（法69条の3第2項・3項）。

(1) 合併組合の事前開示期間

　ア　合併消滅組合（法69条の3第1項1号）

　　合併の議決を予定している総会の日の2週間前の日から合併の登記の日まで

イ　**合併存続組合**（同項2号）

合併の議決を予定している総会（下記3の簡易合併の組合にあっては、理事会又は経営管理委員会）の日の2週間前の日から合併の登記の日後6か月を経過する日まで

ウ　**合併設立組合**（同項3号）

合併の登記の日から6か月間

(2)　**合併組合の事前開示事項**

ア　**吸収合併消滅組合の場合**（法施行規則210条の2第1項1号）

(ｱ)　下記2(3)から(5)までの事項についての定め（当該定めがない場合にあっては、当該定めがないこと）の相当性に関する事項（同号イ）

(ｲ)　吸収合併存続組合の定款の定め（同号ロ）

(ｳ)　吸収合併存続組合についての次に掲げる事項（同号ハ）

　　a　最終事業年度に係る決算関係書類の内容

　　b　最終事業年度の末日後に重要な財産の処分、重大な債務の負担その他の吸収合併存続組合の財産の状況に重要な影響を与える事象が生じたときは、その内容

(ｴ)　吸収合併消滅組合についての次に掲げる事項（同号ニ）

　　a　最終事業年度がないときは、吸収合併消滅組合の成立の日における貸借対照表

　　b　吸収合併消滅組合についての上記(ｳ)bと同じ内容

(ｵ)　吸収合併が効力を生じる日以後における吸収合併存続組合の債務の履行の見込みに関する事項（同号ホ）

(ｶ)　合併契約備置開始日後、上記(ｱ)から(ｵ)までの事項に変更が生じたときは、変更後の当該事項（同号ヘ）

イ　**新設合併消滅組合の場合**（法施行規則210条の2第1項2号）

(ｱ)　下記2(3)から(5)までの事項についての定めの相当性に関する事項（同号イ）

(ｲ)　他の新設合併消滅組合についての次に掲げる事項（同号ロ）

　　a　他の新設合併消滅組合についての上記ア(ｳ)aと同じ内容

　　b　他の新設合併消滅組合において、上記ア(ｳ)bと同様な事象が生じたときは、その内容

(ウ)　他の新設合併消滅組合が作成した貸借対照表（法施行規則210条の2第1項2号ハ）
　　(エ)　当該新設合併消滅組合についての次に掲げる事項（同号ニ）
　　　　a　最終事業年度がないときは、当該新設合併消滅組合の成立の日における貸借対照表
　　　　b　当該新設合併消滅組合についての上記ア(ウ)bと同じ内容
　　(オ)　新設合併の効力が生じる日以後における新設合併設立組合の債務の履行の見込みに関する事項（同号ホ）
　　(カ)　上記ア(カ)と同じ事項（同号ヘ）
　ウ　吸収合併存続組合の場合（法施行規則210条の2第1項3号）
　　(ア)　下記2(3)から(5)までの事項についての定め（当該定めがない場合にあっては、当該定めがないこと）の相当性に関する事項（同号イ）
　　(イ)　吸収合併消滅組合についての次に掲げる事項（同号ロ）
　　　　a　上記ア(ウ)aと同じ内容
　　　　b　上記ア(ウ)bと同じ内容
　　(ウ)　吸収合併消滅組合が作成した貸借対照表（同号ハ）
　　(エ)　吸収合併存続組合についての次に掲げる事項（同号ニ）
　　　　a　最終事業年度がないときは、吸収合併存続組合の成立の日における貸借対照表
　　　　b　吸収合併存続組合についての上記ア(ウ)bと同じ内容
　　(オ)　上記ア(オ)と同じ事項（同号ホ）
　　(カ)　上記ア(カ)と同じ事項（同号ヘ）

2　合併契約の締結

　漁協組合が合併しようとするときは、総会の議決を経て、政令で定める事項を規定した合併契約を締結しなければならないとされています（法69条1項）。

　合併契約において規定する事項に係る政令は、次のとおり定められています（法施行令22条の2第1項）。ただし、合併存続組合又は合併設立組合が、①非出資組合であって、組合員の事業又は生活に必要な物資の供給（法11条1項5号）、組合員の事業又は生活に必要な共同利用施設の設置、組合員の漁獲物その他の生産物の運搬・加工・保管又は販売の事業を行わない漁協組合である場合、②その他の非出資組合の漁協組合

第 10 章　合併・権利義務承継の登記（Q66）

である場合にあっては、次の(2)から(4)までの事項は除かれています（法施行令 22 条の 2 第 1 項括弧書き）。
(1)　合併存続組合又は合併設立組合の名称、地区及び主たる事務所の所在地（法施行令 22 条の 2 第 1 項 1 号）
(2)　合併存続組合又は合併設立組合の出資 1 口の金額（法施行令 22 条の 2 第 1 項 2 号）
(3)　合併消滅組合の組合員に対する出資の割当てに関する事項（法施行令 22 条の 2 第 1 項 3 号）
(4)　合併存続組合又は合併設立組合の資本準備金及び利益準備金に関する事項（法施行令 22 条の 2 第 1 項 4 号）
(5)　合併消滅組合の組合員に対して支払をする金額を定めたときは、その規定（法施行令 22 条の 2 第 1 項 5 号）
(6)　合併を行う漁協組合が合併の日までに剰余金の配当をするときは、その限度額（法施行令 22 条の 2 第 1 項 6 号）
(7)　合併を行う時期（法施行令 22 条の 2 第 1 項 7 号）
(8)　合併を行う漁協組合の合併の議決を行う総会の日（法施行令 22 条の 2 第 1 項 8 号、法 69 条 1 項）、又は下記 2 の簡易合併の要件を備える漁協組合にあっては理事会又は経営管理委員会の日（法 69 条の 2 第 1 項）

3　簡易合併の特則
(1)　合併要件の緩和
　　整備法の施行により、出資組合か否かを問わず、合併消滅組合の総組合員の数が合併存続組合の総組合員の数の 5 分の 1 （これを下回る割合を合併存続組合の定款で定めた場合にあっては、その割合）を超えない場合であって、かつ、合併消滅組合の最終の貸借対照表により現存する資産の額が合併存続組合の最終の貸借対照表により現存する資産の額の 5 分の 1 （上記の括弧書きの場合にあっては、その割合）を超えない場合には、合併存続組合において、総会に代えて、理事会（経営管理委員を置く組合にあっては同委員会）の議決を経ることで足りるとされました（以下「簡易合併」という。法 69 条の 2 第 1 項）。
　　ただし、一定数以上の組合員の反対が表明されたときは、総会の議決を省略することができません（下記(2)の 2 段落目を参照）。

(2) 簡易合併の手続

簡易合併を行う合併存続組合は、その旨を上記2の合併契約に定めなければならず（法69条の2第2項）、合併契約を締結した日から2週間以内に、合併消滅組合の名称及び住所、合併を行う時期並びに水産業協同組合法69条の2第1項の規定により総会の議決を経ないで合併を行う旨を公告し、又は組合員に通知しなければならないとされています（同条3項）。

この公告又は通知の日から2週間以内に、合併存続組合の総組合員の6分の1以上の組合員（准組合員を除く。）が、当該組合に対し書面をもって合併に反対の意思の通知を行ったときは、総会の議決を経ない簡易合併はできないとされています（法69条の2第4項）。

4 総会の議決

漁協組合の合併は、原則として、准組合員を除く総組合員の半数以上が出席した総会において、その議決権の3分の2以上の多数による特別議決を要します（法50条2号）。総会の出席充足数及び議決数の割合については、定款でこれらを上回る定めをすることができます（同条本文括弧書き）。

なお、総代会においては、解散の決議（Q71の1を参照）と同じく、合併の議決もすることができないとされています（法52条7項・8項、50条2号）。

5 行政庁に対する認可申請

行政庁に対し、合併認可申請書を提出します（法69条2項）。

6 債権者保護手続

出資組合が、合併の議決をしたときは、出資1口の金額を減少する場合と同様な債権者保護手続を執らなければならないとされています（法69条4項、53条、54条1項・2項）。

手続の内容は、出資1口の金額を減少する場合と同様ですので、Q34の2(1)から(3)までを参照してください。なお、Q34の2の記述中「出資1口の金額を減少」を「合併」に、「出資1口の金額を減少の内容」を「合併する旨」に、読み替えてください。

7 新設合併の手続（定款の作成・役員の選任）

合併によって漁協組合を設立するには、各漁協組合の総会において、

組合員の中から特別議決によって（上記4を参照）選任した設立委員が共同して、定款を作成し、役員（合併によって設立する組合が経営管理委員を置く漁協組合であるときは、理事を除く。）を選任し、その他設立に必要な行為をしなければなりません（法70条1項・3項、50条）。

この場合の役員の選任において、理事については、漁協組合の理事の定数の少なくとも3分の2は、組合員である個人又は法人の役員でなければならないとされています（法70条2項、34条10項本文）。また、経営管理委員については、経営管理委員の定数の少なくとも4分の3は、組合員である個人又は法人の役員でなければならないとされています（法70条2項、34条の2第2項本文）。

8　合併の登記

漁協組合の合併は、合併存続組合又は合併設立組合が、その主たる事務所の所在地において登記をすることによって、その効力が生じます（法71条、107条）。合併の登記手続については、Q67又はQ68を参照してください。

9　承継した権利義務の備置き

合併存続組合又は合併設立組合の理事は、合併の登記の日後、遅滞なく、合併消滅組合の権利義務を承継した事項その他次に掲げる組合ごとに、次に掲げる事項を記載し若しくは記録した書面又は電磁的記録を（法72条の2第1項、法施行規則211条）、合併の登記の日から6か月間、主たる事務所に備えて置き（法72条の2第2項）、当該漁協組合の組合員及び債権者の閲覧、又は謄本等の交付請求（有料）に応じなければならないとされています（同条3項・4項）。

(1)　吸収合併存続組合の場合（法施行規則211条1項1号）

　ア　合併が効力を生じた日（同号イ）

　イ　吸収合併消滅組合又は吸収合併存続組合における債権者保護手続の経過（同号ロ）

　ウ　吸収合併存続組合が吸収合併消滅組合から承継した重要な権利義務に関する事項（同号ハ）

　エ　吸収合併消滅組合が備え置いた上記1の書面等に記載等された事項（同号ニ）

　オ　以上のほか、合併に関する重要な事項（同号ホ）

(2) 新設合併設立組合の場合（法施行規則 211 条 1 項 2 号）
　ア　合併が効力を生じた日（同号イ）
　イ　新設合併消滅組合又は新設合併設立組合における債権者保護手続の経過（同号ロ）
　ウ　新設合併設立組合が新設合併消滅組合から承継した重要な権利義務に関する事項（同号ハ）
　エ　以上のほか、新設合併に関する重要な事項（同号ニ）

Q67
新設合併の登記手続について、教えてください。

1　登記期間

　漁協組合の新設合併の登記は、合併の認可のあった日から 2 週間以内に主たる事務所の所在地において、新設合併消滅組合については解散の登記を、新設合併設立組合については水産業協同組合法 101 条 2 項の登記をしなければなりません（法 107 条）。主たる事務所の所在地における解散の登記の申請は、当該登記所の管轄区域内に新設合併設立組合の主たる事務所がないときは、新設合併設立組合の主たる事務所を管轄する登記所を経由しなければなりません（法 120 条、商登法 82 条 2 項）。主たる事務所の所在地における解散の登記と新設合併による設立の登記は、同時に申請しなければなりません（法 120 条、商登法 82 条 3 項）。

　また、新設合併設立組合又は新設合併消滅組合が従たる事務所を設置する漁協組合であるときは、合併の認可のあった日から 3 週間以内に、従たる事務所の所在地においても、上記の登記をしなければなりません（法 112 条本文）。この場合、主従一括申請をすることができます（Q 19 の 1 及び 2 (1)を参照）。

　なお、これらの期間内に登記することを怠ったときは、50 万円以下の過料に処せられることがあります（法 130 条 1 項 54 号）。

2　申請人

　設立の登記及び解散の登記のいずれも、新設合併設立組合を代表する代表理事の 1 人が申請人になります（法 120 条、商登法 82 条 1 項）。

第 10 章　合併・権利義務承継の登記（Q67）

3　添付書類
(1)　新設合併による設立の登記の申請書に添付する書面
　ア　定款（法115条3項・1項）
　　定款に記載されている登記すべき事項を証するために添付します（Q66の7を参照）。
　イ　合併認可書（法120条、商登法19条）
　　合併に関し、行政庁の認可を受けなければならないとされていますので（Q14の1(3)を参照）、この認可を証するために添付します（Q65の2を参照）。
　ウ　合併契約書
　　合併する漁協組合間において締結した内容を記載した合併契約書を添付します（Q66の2を参照）。
　エ　総会議事録
　　合併契約の承認議決及び設立委員の選任等が適正に行われていることを証するために総会議事録を添付します（Q66の4を参照）。
　オ　理事選任決議書（法115条3項・1項）
　　理事の選任につき、設立委員又は経営管理委員による理事の選任を証するために添付します（Q66の7を参照）。
　カ　理事会議事録（又は経営管理委員会議事録）（法115条3項・1項）
　　漁協組合は、理事会（経営管理委員を置く漁協組合の場合は、経営管理委員会）の議決により、理事の中から代表理事を定めなければならないとされていますので（Q6を参照）、代表理事を選定したことを証するために添付します。
　キ　就任承諾書（法115条3項・1項）
　　代表理事が就任を承諾したことを証する書面を添付します。ただし、理事会又は経営管理委員会議事録の記載により、就任を承諾したことが明らかな場合は、登記申請書に「就任承諾書は、理事会議事録（又は経営管理委員会議事録）の記載を援用する。」と記載すれば、就任承諾書の添付をする必要はありません（Q48のパターンAの①（注5）を参照）。

ク　出資の総口数及び払込出資総額を証する書面（出資組合の場合。法115条3項・1項）

　　出資の総口数及び払込済出資総額が、下記ケの新設合併消滅組合の登記事項証明書で明らかでないときは、監事の証明書を添付します。

ケ　登記事項証明書（法115条2項）

　　新設合併消滅組合の登記事項証明書を添付します（法115条2項本文）。登記事項証明書は、その作成後3か月以内のものに限られています（法登規則5条、商登規則36条の2）。登記事項証明書の請求・取得方法は、Q27を参照してください。ただし、新設合併設立組合の主たる事務所の所在地を管轄する登記所の管轄区域内に新設合併消滅組合の主たる事務所があるときは、添付する必要がありません（法115条2項ただし書）。

コ　債権者に対する公告、知れている債権者に対する各別に催告をしたことを証する書面（出資組合の場合。法115条3項）

　　公告した官報のほか、知れている債権者に対する催告をした場合は、催告書の写し1通に催告した債権者名簿を綴ったものに、代表理事が署名（記名押印）したものを添付します。

　　また、官報（法53条2項）のほか、定款の規定によって日刊新聞紙又は電子公告により公告をした場合（いわゆる「二重公告」）は、このことが分かる書面（新聞紙又は電子公告調査機関の報告書）を添付します。

　　なお、知れている債権者がいる場合の債権者に対する各別の催告は、整備法の施行により、省略の制度が創設されています（Q34の2(2)ただし書を参照）。

サ　異議を述べた債権者に対し弁済等をしたことを証する書面（出資組合の場合。法115条3項）

　　債権者の異議申述書のほか、弁済金受領書、担保契約書若しくは信託証書、又は異議債権者を害するおそれがないことの書面として、例えば、漁協組合が異議債権者の債権に係る被担保債権額を有する抵当権設定の登記事項証明書、又は異議債権者の債権額、弁済期、担保の有無、資産状況等を示して代表理事が作成した証明書

第 10 章　合併・権利義務承継の登記（Q67）

（Q 36 の⑤を参照）を添付します。

　異議を述べる債権者がいなかった場合は、登記申請書に「異議を述べた債権者はない。」と記載します。なお、異議がないことの証明は申請人が行うものですので、代理人による申請の場合は、代表理事がその旨を証明した上申書を添付するのが実務上の取扱いです。

　シ　**委任状**（法 120 条、商登法 18 条）

　　代理人によって登記を申請する場合は、代理権限を証する書面として、申請人の委任状を添付します。

　　なお、定款、議事録等、登記申請書に添付すべき書面が電磁的記録で作成されているときは、当該電磁的記録に記録された情報の内容を記録した電磁的記録（法務省で定めるものに限る。）を、当該登記申請書に添付しなければなりません（法 120 条、商登法 19 条の 2）。

(2)　**新設合併による解散の登記の申請書に添付する書面**

　　主たる事務所の所在地における合併による解散の登記の申請については、登記申請書の添付書面に関する規定は適用されませんので、何らの書面も添付する必要がありません（法 120 条、商登法 82 条 4 項）。

(3)　**従たる事務所の所在地において設立の登記を申請する場合**

　　従たる事務所の所在地においてする登記申請書には、主たる事務所の所在地においてした登記を証する書面を添付しなければなりませんが、この書面として登記事項証明書を添付し、この場合には他の書面の添付を要しません（法 120 条、商登法 48 条 1 項）。登記事項証明書は、その作成後 3 か月以内のものに限られています（法登規則 5 条、商登規則 36 条の 2）。

　　登記申請の手続は Q 26 の 4 を、登記事項証明書の請求・取得方法は Q 27 を、それぞれ参照してください。

4　**印鑑の提出**

　登記の申請人の代表者である代表理事は、あらかじめ（設立の登記の申請と同時に）、登記申請書又は委任状に押印する印鑑の印影を登記所に提出しなければなりません（法 120 条、商登法 20 条 1 項・2 項）。

　印鑑の印影の提出方法等は、Q 25 の 4 を参照してください。

201

① 登記申請書〈設立の登記〉の作成例

```
┌─────────────────────────────────────┐
│        受付番号票貼付欄（注1）          │
│                                     │
└─────────────────────────────────────┘
```

漁業協同組合合併による設立登記申請書（注2）

1	名　　　　称	若波漁業協同組合
1	主 た る 事 務 所	○○県わかしお市美浜町777番地77
1	従 た る 事 務 所	○○県さざなみ市鏡海町888番地88
	（注3）	管轄登記所　○○地方法務局◇◇支局
1	登 記 の 事 由	平成○○年○月○日新設合併の手続終了
		（注4）
1	登記すべき事項	別添CD-Rのとおり（注5）
1	登 記 手 数 料	金300円（注6）
		従たる事務所の所在地登記所数　1庁
1	認可書到達の年月日	平成○○年○月○日（注7）
1	添 付 書 類	定款　　　　　　　　　　1通
		合併認可書　　　　　　　1通（注8）
		合併契約書　　　　　　　1通（注9）
		総会議事録　　　　　　　2通（注10）
		理事選任決議書　　　　　1通（注11）
		理事会議事録　　　　　　1通（注12）
		就任承諾書　　　　　　　2通（注13）
		⎡出資の総口数及び払込出資
		⎣総額を証する書面　　　　1通⎤（注14）
		登記事項証明書　　　　　1通
		債権者に対する公告、催告を
		したことを証する書面　　○通（注15）
		異議債権者に対する弁済を
		証する書面　　　　　　　○通（注16）
		⎡異議債権者を害するおそれが
		⎣ないことを証する書面　　○通⎤（注17）
		異議債権者がいないことの
		上申書　　　　　　　　　1通（注17）

第10章　合併・権利義務承継の登記（Q67）

```
　　　　　　　　委任状　　　　　　　　1通（注18）

　上記のとおり登記の申請をします。

　　平成○○年○月○日

　　　　　　　　　　　○○県わかしお市美浜町777番地77
　　　　　　　　　　　申　請　人　　若波漁業協同組合

　　　　　　　　〈以下　略〉（注19）
```

(注1) 提出を受けた登記所の手続に必要な欄として、登記申請書の初葉の最上部に縦の辺の長さ4cm程度の余白を設けるのが、登記実務上の取扱いです。

(注2) 新設合併により解散するわかしお漁協は、Q25においては優先出資を発行する漁協組合として作成例を示しましたが、本問においては優先出資に関して除外した作成例としています。

(注3) 本作成例は、従たる事務所の所在地においてする登記を、主従一括申請の方法によって申請する場合です（Q19の1及び2(1)を参照）。

(注4) 新設合併に必要な手続が終わった年月日を記載します（Q66を参照）。

(注5) 本作成例は、磁気ディスクを提出する方法を採った場合です。磁気ディスクに関する留意事項は、Q18の3(3)の法務省のホームページをご覧ください。磁気ディスクに記録する登記事項の記録例は、本問の②を参照してください。

　その他の登記すべき事項の提出方法は、Q18の3を参照してください。

(注6) 本作成例は、主従一括申請によって申請する場合です（Q19の1及び2(1)を参照）。この場合には、1件につき300円の手数料を収入印紙で納付します。なお、現在、登記印紙は販売されていませんが、当分の間、登記印紙による納付も認められ、また、収入印紙と登記印紙の併用による納付も可能です。これらの印紙は、未使用の（消印、割印等をしていない）ものを登記申請書と契印した別紙（印紙貼付台紙）又は登記申請書の余白部分に貼付します。

(注7) 合併認可書が到達した年月日を記載します。

(注8) 合併認可書を添付します。なお、合併認可書の写しに「原本に相違がない」旨を記載し、原本とともに提出すると、原本は還付を受けることができます（法登規則5条、商登規則49条）。

(注9) 合併契約書の作成例は、本問の③を参照してください。

(注10) 合併する全ての組合の総会議事録を添付します。総会議事録の作成例

203

は、本問の④を参照してください。
(注11) 理事選任決議書の作成例は、本問の⑤を参照してください。
(注12) 理事会議事録の作成例は、本問の⑥を参照してください。経営管理委員会を置く漁協組合の場合は、経営管理委員会議事録を添付します。
(注13) 就任承諾書の作成例は、Q25の⑥を参照してください。
(注14) 監事が作成する証明書は、Q38の②の作成例を参考に作成してください。
(注15) 公告文はQ35の①の、催告書はQ35の②及び③の各作成例を参考に作成してください。この場合、Q35の①の作成例中「出資1口の金額の減少公告」を「合併公告」に、「出資1口の金額を○○○円減少し、○○○円」を「わかしお漁業協同組合とさざなみ漁業協同組合は、合併し、新たに若波漁業協同組合を設立し解散」にそれぞれ変更し、公告名義人をわかしお漁協又はさざなみ漁協の代表理事とし、Q35の②の作成例中「当組合は、」を削り、「出資1口の金額を○○○円減少し、○○○円と」を「わかしお漁業協同組合とさざなみ漁業協同組合は、合併し、新たに若波漁業協同組合を設立し解散」に変更し、「水産業協同組合法」の次に「第69条第4項において準用する」を加え、Q35の③の作成例中「出資1口の金額を減少」を「合併」に変更してください。
(注16) 異議申述書及び受領書は、Q36の③及び④の各作成例を参考に作成してください。この場合、同作成例中「出資1口の金額を減少」を「わかしお漁業協同組合とさざなみ漁業協同組合は、合併し、新たに若波漁業協同組合を設立し解散」に変更し、宛先をわかしお漁協又はさざなみ漁協の代表理事にしてください。
(注17) 異議債権者を害するおそれがないことの証明書はQ36の⑤の、異議を述べた債権者がいないことの上申書はQ36の⑥の各作成例を参考に作成してください。この場合、同作成例中「出資1口の金額を減少」を「わかしお漁業協同組合とさざなみ漁業協同組合は、合併し、新たに若波漁業協同組合を設立し解散」に変更してください。
(注18) 委任状の作成例は、Q25の⑪を参照してください。この場合、同作成例中「設立」の前に「合併による」を加えてください。
(注19) Q25の①及び(注17)以下、Q26の①及び(注6)(注7)を参照してください。

② 登記事項を記録した磁気ディスクを提出する場合の登記事項の記録例

「名称」若波漁業協同組合
「主たる事務所」○○県わかしお市美浜町777番地77
「目的等」
目的及び事業
1 この組合は、組合員のために次の事業を行う。
　(1) 水産資源の管理及び水産動植物の増殖
　(2) 組合の事業又は生活に必要な資金の貸付け
　(3) 組合員の貯金又は定期積金の受入れ

〈中　略〉実際は、Q66の7の手続で作成した定款に掲げる事業を記載します。

　(30) 前各号の事業に附帯する一切の事業
「役員に関する事項」
「資格」代表理事
「住所」○○県わかしお市美浜町150番地15
「氏名」海野磯夫
「役員に関する事項」
「資格」代表理事
「住所」○○県さざなみ市鏡海町250番地25
「氏名」春海さわら
「従たる事務所番号」1
「従たる事務所の所在地」○○県さざなみ市鏡海町888番地88
「公告の方法」
　この組合の掲示場に掲示し、かつ、○○県において発行する○○新聞に掲載する方法によってこれをする。
「出資1口の金額」金○○○○円
「出資の総口数」○○万○○○○口
「払込済出資総額」金○○億○○○○万○○○○円
「出資払込みの方法」全額一時払込み
「地区」
　○○県わかしお市、○○県汐見市、○○県岬市、○○県しおさい市及び○○県さざなみ市の区域
「登記記録に関する事項」
　○○県わかしお市美浜町100番地10わかしお漁業協同組合と○○県さざなみ市鏡海町888番地88さざなみ漁業協同組合の合併により設立

　以上のほか、存立時期を定めた組合においては（Q15の8を参照）、「「存立時期」平成○○年○月○日まで」と記録します。

③ 合併契約書の作成例

新 設 合 併 契 約 書

　わかしお漁業協同組合（以下「甲」という。）とさざなみ漁業協同組合（以下「乙」という。）は、両組合の合併に関して以下の契約を締結する。
1　甲と乙は、新設合併をし、新たに漁業協同組合を設立し、甲及び乙は解散する。
2　新設合併に係る新たに設立する漁業協同組合の名称、地区、主たる事務所の所在地
　　名称　若波漁業協同組合
　　地区　○○県わかしお市、○○県汐見市、○○県岬市、○○県しおさい市及び○○県さざなみ市の区域
　　主たる事務所の所在地　○○県わかしお市美浜町777番地77
3　出資1口の金額　金○○○○円

〈中　略〉実際は、法施行令22条の2第1項に規定する事項を記載します。

　以上を証するため、本契約書2通を作成し、甲乙が各自記名押印の上、各1通を保有する。

　　平成○○年○月○日

　　　　　　　　　　　　○○県わかしお市美浜町100番地10
　　　　　　　　　　　（甲）　わかしお漁業協同組合
　　　　　　　　　　　　　　代表理事　　海　野　磯　夫　㊞
　　　　　　　　　　　　○○県さざなみ市鏡海町888番地88
　　　　　　　　　　　（乙）　さざなみ漁業協同組合
　　　　　　　　　　　　　　代表理事　　春　海　さわら　㊞

④ 総会議事録の作成例

臨 時 総 会 議 事 録

1　日　　　　時　　平成○○年○月○日午前○時
2　場　　　　所　　当組合事務所
3　組合員の総数　　○○○名
4　出席した組合員数　○○○名（うち委任状　○○名）
5　出席役員の氏名　　代表理事　海野磯夫（春海さわら）（議長兼議事録作成者）
　　　　　　　　　　理　　事　鯨井太平（夏川鮎蔵）
　　　　　　　　　　　同　　　大潮　満（秋野鱒男）
　　　　　　　　　　　同　　　珊瑚若芽（冬輪寒鱈）
　　　　　　　　　　　同　　　地引網男（沢蟹　清）
　　　　　　　　　　監　　事　海苔黒司（沖野　鷗）
　　　　　　　　　　　同　　　沖　遠洋（藻鳥　鰹）
6　議長選任の経過
　　定刻に至り、司会者○○○○は開会を宣し、本日の臨時総会は組合員○○○名中○○○名の出席により、水産業協同組合法（以下「法」という。）第50条の規定による所定数を満たしたので有効に成立した旨を告げ、議長の選任方法を諮ったところ、満場一致をもって代表理事海野磯夫（春海さわら）が議長に選任され、続いて議長の挨拶の後、議案の審議に入る。
7　議事の経過要領及びその結果
　　第1号議案　新設合併をし、新たに若波漁業協同組合を設立することについて
　　　　議長は、○○県さざなみ市鏡海町888番地88さざなみ漁業協同組合（○○県わかしお市美浜町100番地10わかしお漁業協同組合）と合併し、新たに若波漁業協同組合を設立することについての経緯を説明し、議場に諮ったところ、賛成○○○名、反対○名であり、議決権を有する組合員の3分の2以上の賛成により、法第50条の規定に基づく可決をした。
　　第2号議案　合併契約書の承認について
　　　　議長は、当組合とさざなみ漁業協同組合（わかしお漁業協同組合）との合併につき、平成○○年○月○日付けをもって締結した合併契約書について説明し、その承認を議場に諮ったところ、満場一致をもって異議なく、可決した。
　　第3号議案　設立委員の選任について

議長は、法第70条第1項の規定に基づき合併による設立に必要な行為を行う設立委員として、当組合から鯛浜良吉、鮒野清流、〈中略〉鯵沢漁太及び鮭川昇を選任したい旨を述べ、議場に諮ったところ、賛成○○○名、反対○名であり、法第70条第3項において準用する法第50条の規定に基づく議決権を有する組合員の3分の2以上の承認がされ、被選任者はいずれも就任を承諾した。

　以上をもって、第○回臨時総会の全ての議案について、審議を終了したので、議長は、午前○時○分に閉会の宣言をし、散会した。

　　平成○○年○月○日

　　　　わかしお（さざなみ）漁業協同組合第○回臨時総会において
　　　　　議事録作成者
　　　　　　代　表　理　事　　海　野　磯　夫（春　海　さわら）**（注）**

（注） 総会の議事録は、理事会等の議事録のように、出席役員の署名・押印は義務付けられていません（Q9の1なお書を参照）。なお、新設合併という重要な議事ですので、出席役員の全員が記名押印するのが望ましいと考えます（Q25の④を参照）。

⑤　理事選任決議書の作成例

理事・監事選任決議書

1　日　　　　時　　平成○○年○月○日午後○時
2　場　　　　所　　当組合設立事務所
3　出席した設立委員　　○○名（全員）

　出席した設立委員の全員一致の議決により、新たに設置する若波漁業協同組合の役員に、次の者を選任した。
　　理　　事　　海　野　磯　夫
　　　同　　　　春　海　さわら
　　　同　　　　鯨　井　太　平
　　　同　　　　夏　川　鮎　蔵
　　　同　　　　珊　瑚　若　芽
　　監　　事　　海　苔　黒　司
　　　同　　　　沖　野　　　鴎

　以上をもって、全ての議案について、審議を終了し、午前○時○分に閉会した。

　上記の議決を明確にするため、設立委員は、記名押印する。

　平成○○年○月○日

　　　　　　　　若波漁業協同組合設立委員会において
　　　　　　　　　設立委員　鯛　浜　良　吉　㊞
　　　　　　　　　　同　　　鮒　野　清　流　㊞

〈中　略〉

　　　　　　　　　　同　　　鯵　沢　漁　太　㊞
　　　　　　　　　　同　　　鮭　川　　　昇　㊞

⑥　理事会議事録の作成例

理 事 会 議 事 録

1　場　　　所　　当組合設立事務所
2　日　　　時　　平成○○年○月○日午後○時
3　理事の総数　　5名
4　出席した理事　全員（海野磯夫、春海さわら、鯨井太平、
　　　　　　　　　　　夏川鮎蔵、珊瑚若芽）
5　監事の総数　　2名
6　出席した監事　全員（海苔黒司、沖野　鴎）

　出席役員全員の一致の議決により、議長に珊瑚若芽が選任され、直ちに議案の審議に入る。
7　議事の経過要領及びその結果
　　第1号議案　代表理事の選定の件
　　　出席役員全員の一致の決議により、次のとおり選定した。
　　　　　代表理事　　海　野　磯　夫
　　　　　　同　　　　春　海　さわら
　　第2号議案　設置する事務所の所在場所の件
　　　出席役員全員の一致の決議により、設置する事務所の所在場所を次のとおり決定した。
　　　　　主たる事務所　　○○県わかしお市美浜町777番地77
　　　　　従たる事務所　　○○県さざなみ市鏡海町888番地88

　以上をもって、全ての議案について、審議を終了したので、議長は、午後○時○分に閉会の宣言をし、散会した。

　上記の議決を明確にするため、議長、出席理事及び監事は、記名押印する。

　　　平成○○年○月○日

　　　　　　　若波漁業協同組合理事会において
　　　　　　　　　　　議長理事　　珊　瑚　若　芽　㊞
　　　　　　　　　　　出席理事　　海　野　磯　夫　㊞
　　　　　　　　　　　出席理事　　春　海　さわら　㊞
　　　　　　　　　　　出席理事　　鯨　井　太　平　㊞

第10章　合併・権利義務承継の登記（Q67）

出席理事	夏川　鮎　蔵　㊞
出席監事	海苔　黒　司　㊞
出席監事	沖野　　　鴎　㊞

⑦　登記申請書〈解散の登記〉の作成例

受付番号票貼付欄（注1）

漁業協同組合合併による解散登記申請書

1	名　　　　　称	わかしお（さざなみ）漁業協同組合
1	主 た る 事 務 所	○○県わかしお市美浜町100番地10 （○○県さざなみ市鏡海町888番地88）
1	従 た る 事 務 所	○○県しおさい市月見町200番地20　（注2） 管轄登記所　○○地方法務局○○支局
1	登 記 の 事 由	合併による解散
1	登 記 す べ き 事 項 　　　　　（注3）	○○県さざなみ市鏡海町888番地88さざなみ漁業協同組合（○○県わかしお市美浜町100番地10わかしお漁業協同組合）と合併して○○県わかしお市美浜町777番地77若波漁業協同組合を設立し平成○○年○月○日解散（注4）
1	登 記 手 数 料	金300円（注5） 従たる事務所所在地登記所数　　1庁
1	認可書到達の年月日	平成○○年○月○日
1	添 付 書 類	（登記事項証明書　　1通）（注6）

〈中　略〉（注7）

○○地方法務局（◇◇支局）（○○支局）　御中（注8）

（注1）提出を受けた登記所の手続に必要な欄として、登記申請書の初葉の最上部に縦の辺の長さ4cm程度の余白を設けるのが、登記実務上の取扱いで

211

す。
(注2) 同一登記所の管轄区域内に複数の従たる事務所がある場合であっても、そのうち、一つの従たる事務所を記載します。
(注3) 本作成例は、登記申請書に直接記載する方法を採った場合です。その他の登記すべき事項の提出方法は、Q18の3を参照してください。
(注4) わかしお漁協及びさざなみ漁協の解散の日は、主たる事務所の所在地においてした若波漁協の設立の登記の日ですが、さざなみ漁協の主たる事務所の所在地を管轄する登記所は○○地方法務局◇◇支局ですので、○○地方法務局の登記官が若波漁協の設立の登記をしたときに設立の登記の日を◇◇支局宛ての解散の登記申請書に記載し、◇◇支局に送付しますので、この場合には、解散の年月日を記載する必要がありません（法120条、商登法83条2項）。
(注5) わかしお漁協は○○地方法務局○○支局の管轄区域内に従たる事務所を設置していたので、従たる事務所の所在地でする解散の登記を主従一括申請の方法によって申請する場合の作成例です（Q19の1を参照）。この場合は、1件につき300円の手数料を収入印紙で納付します。なお、現在、登記印紙は販売されていませんが、当分の間、登記印紙による納付も認められ、また、収入印紙と登記印紙の併用も可能です。これらの印紙は、未使用の（消印、割印等をしていない）ものを登記申請書と契印した別紙（印紙貼付台紙）又は登記申請書の余白部分に貼付します。
(注6) 主たる事務所の所在地における合併による解散の登記の申請については、登記申請書の添付書面に関する規定は適用されませんので（法120条、商登法82条4項）、○○地方法務局及び◇◇支局宛ての登記申請書には、何らの書面も添付する必要がありません。

上記（注5）の主従一括申請ではなく、従たる事務所の所在地において申請する場合は、主たる事務所の所在地においてした登記を証する書面を添付しなければなりませんが、この書面として登記事項証明書を添付し、この場合には他の書面の添付を要しません（法120条、商登法48条1項）。登記事項証明書の請求・取得方法は、Q27を参照してください。
(注7) 本問の①、Q25の①及び（注17）以下、Q26の①及び（注6）（注7）を参照してください。
(注8) さざなみ漁協の主たる事務所の所在地を管轄する登記所は○○地方法務局◇◇支局ですので、さざなみ漁協の解散の登記の申請は、若波漁協の主たる事務所の所在地を管轄する登記所である○○地方法務局を経由し、本問の①の登記と同時に申請しなければなりません（本問の1を参照）。したがって、さざなみ漁協の解散の登記申請書の宛先は○○地方法務局◇◇支局とし、○○地方法務局に提出します。

Q68
吸収合併の登記手続について、教えてください。

1 登記期間

　漁協組合の吸収合併の登記は、合併の認可のあった日から2週間以内に、主たる事務所の所在地において、吸収合併存続組合については変更の登記を、吸収合併消滅組合については解散の登記をしなければなりません（法107条）。主たる事務所の所在地における吸収合併消滅組合の解散の登記の申請は、吸収合併消滅組合の主たる事務所の所在地を管轄する登記所の管轄区域内に吸収合併存続組合の主たる事務所がないときは、吸収合併存続組合の主たる事務所を管轄する登記所を経由しなければなりません（法120条、商登法82条2項）。主たる事務所の所在地における解散の登記と吸収合併による変更の登記は、同時に申請しなければなりません（法120条、商登法82条3項）。

　また、吸収合併存続組合又は吸収合併消滅組合が従たる事務所を設置している漁協組合であるときは、合併の認可のあった日から3週間以内に、従たる事務所の所在地においても、上記の登記をしなければなりません（法112条本文）。ただし、吸収合併存続組合についての変更の登記は、①名称、②主たる事務所の所在場所、③従たる事務所（その所在地を管轄する登記所の管轄区域内にあるものに限る。）の所在場所に変更が生じた場合に限り、変更の登記をします（法112条ただし書、107条、110条2項各号）。この場合、主従一括申請をすることができます（Q19の1を参照）。

　なお、これらの期間内に登記することを怠ったときは、50万円以下の過料に処せられることがあります（法130条1項54号）。

2 申請人

　変更の登記及び解散の登記のいずれも、吸収合併存続組合を代表する代理理事の1人が申請人になります（法120条、商登法82条1項）。

3 変更の登記の登記事項

　①吸収合併存続組合の名称に変更が生じた場合、②出資組合であるときの出資の総口数及び払込済みの出資の総額に変更が生じた場合には、

213

これらの事項についての変更の登記をすることになります。
　また、合併の旨並びに吸収合併消滅組合の名称及び主たる事務所をも登記しなければなりません（法120条、商登法79条）。

4　添付書類
(1)　吸収合併による変更の登記の申請書に添付する書面
　ア　**合併認可書**（法120条、商登法19条）
　　　合併に関し、行政庁の認可を受けなければならないとされていますので（Q14の1(3)を参照）、この認可を証するために添付します（Q65の2を参照）。
　イ　**合併契約書**
　　　合併する漁協組合間において締結した内容を記載した合併契約書を添付します（Q66の2を参照）。
　ウ　**総会議事録**
　　　合併契約の承認議決が適正に行われていることを証するために総会議事録を添付します（Q66の4を参照）。
　　　なお、いわゆる簡易合併の場合は、総（代）会に代えて理事会の議決を経ることで足りますので（Q66の3を参照）、合併に関する総（代）会議事録は不要です。
　エ　**理事会議事録（又は経営管理委員会議事録）**（簡易合併の場合）
　　　上記ウのとおり、理事会（経営管理委員を置く漁協の場合は、経営管理委員会）の議決を経たことを証するために添付します。
　オ　**簡易合併による合併の要件を証する書面**（簡易合併の場合）
　　(ア)　**合併消滅組合の総組合員数が合併存続組合の総組合員数の5分の1を超えないことを証する書面**
　　　　合併契約書の締結時における合併消滅組合及び合併存続組合の双方の総組合員数を証する書面（組合員名簿）を添付します。
　　(イ)　**合併消滅組合の資産の額が合併存続組合の資産の額の5分の1を超えないことを証する書面**
　　　　合併消滅組合及び合併存続組合の双方の最終の貸借対照表を添付します。
　　(ウ)　**合併に反対する組合員の数を証する書面**
　　　　合併に反対する組合員の数が合併存続組合の総組合員数の6分

第 10 章　合併・権利義務承継の登記（Q68）

の 1 を超えていないことを証する書面を添付します。
カ　**出資の総口数及び払込出資総額を証する書面**（出資組合の場合。法 116 条 2 項・1 項）

　　変更後の出資の総口数及び払込済出資総額が、下記キの吸収合併消滅組合の登記事項証明書で明らかでないときは、監事の証明書を添付します。

キ　**登記事項証明書**（法 116 条 3 項、115 条 2 項）

　　吸収合併消滅組合の登記事項証明書を添付します（法 115 条 2 項本文）。登記事項証明書は、その作成後 3 か月以内のものに限られています（法登規則 5 条、商登規則 36 条の 2）。登記事項証明書の請求・取得方法は、Q 27 を参照してください。ただし、吸収合併存続組合の主たる事務所の所在地を管轄する登記所の管轄区域内に吸収合併消滅組合の主たる事務所があるときは、添付する必要がありません（法 115 条 2 項ただし書）。

ク　**債権者に対する公告、知れている債権者に対する各別に催告をしたことを証する書面**（出資組合の場合。法 116 条 2 項）

　　公告した官報のほか、知れている債権者に対する催告をした場合は、催告書の写し 1 通に催告した債権者名簿を綴ったものに、代表理事が署名（記名押印）したものを添付します。

　　また、官報（法 53 条 2 項）のほか、定款の規定によって日刊新聞紙又は電子公告により公告をした場合（いわゆる「二重公告」）は、このことが分かる書面（新聞紙又は電子公告調査機関の報告書）を添付します。

　　なお、知れている債権者がいる場合の債権者に対する各別の催告は、整備法の施行により、省略の制度が創設されています（Q 34 の 2 (2)ただし書を参照）。

ケ　**異議を述べた債権者に対し弁済等をしたことを証する書面**（出資組合の場合。法 116 条 2 項）

　　債権者の異議申述書のほか、弁済金受領書、担保契約書若しくは信託証書、又は異議債権者を害するおそれがないことの書面として、例えば、漁協組合が異議債権者の債権に係る被担保債権額を有する抵当権設定の登記事項証明書、又は異議債権者の債権額、弁済

215

期、担保の有無、資産状況等を示して代表理事が作成した証明書（Q 36 の⑤を参照）を添付します。

　異議を述べる債権者がいなかった場合は、登記申請書に「異議を述べた債権者はない。」と記載します。なお、異議がないことの証明は申請人が行うものですので、代理人による申請の場合は、代表理事がその旨を証明した上申書を添付するのが実務上の取扱いです。

　コ　**委任状**（法 120 条、商登法 18 条）

　代理人によって登記を申請する場合は、代理権限を証する書面として、申請人の委任状を添付します。

　なお、議事録等、登記申請書に添付すべき書面が電磁的記録で作成されているときは、当該電磁的記録に記録された情報の内容を記録した電磁的記録（法務省令で定めるものに限る。）を、当該登記申請書に添付しなければなりません（法 120 条、商登法 19 条の 2）。

⑵　**吸収合併による解散の登記の申請書に添付する書面**

　主たる事務所の所在地における合併による解散の登記の申請については、登記申請書の添付書面に関する規定は適用されませんので、何らの書面も添付する必要がありません（法 120 条、商登法 82 条 4 項）。

⑶　**従たる事務所の所在地において変更の登記を申請する場合**

　従たる事務所の所在地においてする登記申請書には、主たる事務所の所在地においてした登記を証する書面として登記事項証明書を添付し、その他の書面の添付を要しません（法 120 条、商登法 48 条 1 項）。登記事項証明書は、その作成後 3 か月以内のものに限られています（法登規則 5 条、商登規則 36 条の 2）。

　登記申請の手続は Q 26 の 4 を、登記事項証明書の請求・取得方法は Q 27 を、それぞれ参照してください。

① 登記申請書〈変更の登記〉の作成例

受付番号票貼付欄（注1）

漁業協同組合合併による変更登記申請書

1	名　　　　称	わかしお漁業協同組合
1	主たる事務所	○○県わかしお市美浜町100番地10
1	登記の事由	平成○○年○月○日吸収合併の手続終了（注2）
1	登記すべき事項（注3）	○○県さざなみ市鏡海町888番地88さざなみ漁業協同組合を合併 　　地区　○○県わかしお市、○○県汐見市、○○県岬市、○○県しおさい市及び○○県さざなみ市の区域 　　出資の総口数　○○○万○○○○口 　　払込済出資総額　金○○億○○○○万○○○○円
1	認可書到達の年月日	平成○○年○月○日（注4）
1	添　付　書　類	合併認可書　　　　　　　　1通（注5） 合併契約書　　　　　　　　1通（注6） 総会議事録　　　　　　　　2通（注7） ⎡出資の総口数及び払込出資 ⎣総額を証する書面　　　　1通⎦（注8） 登記事項証明書　　　　　　1通 債権者に対する公告、催告を したことを証する書面　　○通（注9） 異議債権者に対する弁済を 証する書面　　　　　　　○通（注10） ⎡異議債権者を害するおそれが ないことを証する書面　　○通⎦（注11） 異議債権者がいないことの ⎣上申書　　　　　　　　　1通⎦（注11）

第10章　合併・権利義務承継の登記（Q68）

〈以下　略〉（注12）

（注１）提出を受けた登記所の手続に必要な欄として、登記申請書の初葉の最上部に縦の辺の長さ４cm 程度の余白を設けるのが、登記実務上の取扱いです。
（注２）吸収合併に必要な手続が終了した年月日を記載します（Ｑ66 を参照）。
（注３）本作成例は、登記申請書に直接記載する方法を採った場合です。その他の登記すべき事項の提出方法は、Ｑ18 の３を参照してください。
（注４）合併認可書が到達した年月日を記載します。
（注５）合併認可書を添付します。なお、合併認可書の写しに「原本に相違がない」旨を記載し、原本とともに提出すると、原本は還付を受けることができます（法登規則５条、商登規則49 条）。
（注６）合併契約書の作成例は、本問の②を参照してください。
（注７）吸収合併存続組合及び吸収合併消滅組合の全ての総会議事録を添付します。総会議事録の作成例は、本問の③を参照してください。
（注８）監事が作成する証明書は、Ｑ38 の②の作成例を参考に作成してください。
（注９）公告文はＱ35 の①の、催告書はＱ35 の②及び③の各作成例を参考に作成してください。この場合、Ｑ35 の①の作成例中「出資１口の金額の減少公告」を「合併公告」に、「出資１口の金額を○○○円減少し、○○○円と」を「わかしお漁業協同組合はさざなみ漁業協同組合と合併して存続し、さざなみ漁業協同組合は解散」に、それぞれ変更し、公告名義人をわかしお漁業又はさざなみ漁協の代表理事とし、Ｑ35 の②の作成例中「当組合は、」を削り、「出資１口の金額を○○○円減少し、○○○円と」を「当わかしお漁業協同組合は、さざなみ漁業協同組合と合併して存続し、さざなみ漁業協同組合は解散」又は「当さざなみ漁業協同組合は、わかしお漁業協同組合と合併して解散」に変更し、Ｑ35 の②の作成例中「水産業協同組合法」の次に「第69 条第４項において準用する」を加え、Ｑ35 の③の作成例中「出資１口の金額を減少」を「合併」に変更してください。
（注10）異議申述書及び受領書は、Ｑ36 の③及び④の各作成例を参考にして作成してください。この場合、同作成例中「出資１口の金額を減少」を「当わかしお漁業協同組合は、さざなみ漁業協同組合と合併して存続し、さざなみ漁業協同組合は解散」又は「当さざなみ漁業協同組合は、わかしお漁業協同組合と合併して解散」に変更し、宛先をわかしお漁協又はさざなみ漁協の代表理事としてください。
（注11）異議債権者を害するおそれがないことの証明書はＱ36 の⑤の、異議を述べた債権者がいないことの上申書はＱ36 の⑥の各作成例を参考にして

作成してください。この場合、同作成例中「出資1口の金額を減少」を「わかしお漁業協同組合とさざなみ漁業協同組合との合併」に変更し、作成名義人をわかしお漁協又はさざなみ漁協の代表理事としてください。

(注12) Q 25 の①及び（注17）以下、Q 26 の①及び（注6）（注7）を参照してください。

② 合併契約書の作成例

吸 収 合 併 契 約 書

　わかしお漁業協同組合（以下「甲」という。）とさざなみ漁業協同組合（以下「乙」という。）は、両組合の合併に関して以下の契約を締結する。
1　甲と乙は、甲を合併後に存続する漁業協同組合とし、乙を合併によって消滅する漁業協同組合として吸収合併をし、甲が乙の権利義務の全てを承継する。
2　吸収合併後に存続する漁業協同組合の名称、地区、主たる事務所の所在地
　　名称　わかしお漁業協同組合
　　地区　〇〇県わかしお市、〇〇県汐見市、〇〇県岬市、〇〇県しおさい市及び〇〇県さざなみ市の区域
　　主たる事務所の所在地　〇〇県わかしお市美浜町100番地10
3　出資1口の金額　金〇〇〇〇円

〈以下　略〉（注）

（注） Q 67 の③を参照してください。

③ 総会議事録の作成例

臨 時 総 会 議 事 録

〈中　略〉（注）

7　議事の経過要領及びその結果
　　第1号議案　さざなみ漁業協同組合（わかしお漁業協同組合）との合併の件
　　　　議長は、当組合は、○○県さざなみ市鏡海町888番地88さざなみ漁業協同組合（○○県わかしお市美浜町100番地10わかしお漁業協同組合）と合併し、さざなみ漁業協同組合は解散し、わかしお漁業協同組合は存続することについての経緯を説明し、議場に諮ったところ、賛成○○○名、反対○名であり、議決権を有する組合員の3分の2以上の賛成により、法第50条の規定に基づく可決をした。
　　第2号議案　合併契約書の承認の件
　　　　議長は、当組合とさざなみ漁業協同組合（わかしお漁業協同組合）との合併につき、平成○○年○月○日付けをもって締結した合併契約書について説明し、その承認を議場に諮ったところ、満場一致をもって異議なく、可決した。

〈以下　略〉（注）

（注）Q 67の④を参照してください。

④ 登記申請書〈解散の登記〉の作成例

```
受付番号票貼付欄（注１）
```

漁業協同組合合併による解散登記申請書

1　名　　　　称　　　さざなみ漁業協同組合
1　主 た る 事 務 所　　○○県さざなみ市鏡海町888番地88
1　登 記 の 事 由　　合併による解散
1　登 記 す べ き 事 項　　○○県わかしお市美浜町100番地10わかし
　　　（注２）　　　　お漁業協同組合と合併して平成○○年○月○
　　　　　　　　　　　日解散（注３）
1　認可書到達の年月日　平成○○年○月○日
1　添　付　書　類（注４）

〈中　略〉（注５）

　　○○地方法務局◇◇支局　御中（注６）

（注１）提出を受けた登記所の手続に必要な欄として、登記申請書の初葉の最上部に縦の辺の長さ4cm程度の余白を設けるのが、登記実務上の取扱いです。
（注２）本作成例は、登記申請書に直接記載する方法を採った場合です。その他の登記すべき事項の提出方法は、Q18の3を参照してください。
（注３）さざなみ漁協の解散の日は、主たる事務所の所在地においてしたわかしお漁協の変更の登記の日ですが、さざなみ漁協の主たる事務所の所在地を管轄する登記所は○○地方法務局◇◇支局ですので、○○地方法務局の登記官がわかしお漁協の変更の登記をしたときに変更の登記の日を◇◇支局宛ての登記申請書に記載し、◇◇支局に送付しますので、この場合には、解散の年月日を記載する必要がありません（法120条、商登法83条2項）。
（注４）主たる事務所の所在地における合併による解散の登記の申請については、登記申請書の添付書面に関する規定は適用されませんので（法120条、商登法82条4項）、本問の①の登記申請書と同時に○○地方法務局を経由して◇◇支局に申請する登記申請書には、何らの書面も添付する必要

がありません。
(注5) Q 25 の①及び（注17）以下、Q 26 の①及び（注6）（注7）を参照してください。
(注6) さざなみ漁協の主たる事務所の所在地を管轄する登記所は〇〇地方法務局◇◇支局ですので、さざなみ漁協の解散の登記の申請は、わかしお漁協の主たる事務所の所在地を管轄する登記所である〇〇地方法務局を経由し、本問の①の登記と同時に申請しなければなりません（本問の1を参照）。したがって、本作成例の登記申請書の宛先は〇〇地方法務局◇◇支局とし、〇〇地方法務局に提出します。

第2　権利義務の承継の手続・登記

Q69
権利義務の承継の手続について、説明してください。

1　権利義務の承継の要件
　漁協組合、生産組合及び漁協連合は漁協連合の会員となる資格を有し（法91条の2第1項）、加工組合及び加工連合は加工連合の会員となる資格を有していますが（法100条5項）、これらの会員が1人となった連合会の会員は、当該連合会の権利義務を承継することができるとされています。ただし、次のいずれかに該当する場合は、承継することはできないとされています（法91条の2第1項ただし書）。
(1)　当該連合会が会員に出資をさせる連合会であって、その会員に准会員があるとき（法91条の2第1項1号）
(2)　当該会員の当該連合会に対して有する持分が第三者の権利の目的となっているとき（法91条の2第1項2号）

2　権利義務の承継の手続
　権利義務の承継については、以下の合併の手続（Q 66 を参照）が準用されています（法91条の2第2項）。
(1)　**承継する権利義務の内容の事前開示**（法69条の3）
　　権利義務の承継をする連合会又は組合の理事は、水産業協同組合法91条の2第2項が準用する同法69条の3の規定に基づき、承継する

権利義務の内容その他農林水産省令で定める事項を記載し若しくは記録した書面又は電磁的記録を、主たる事務所に備えて置き、当該組合等の組合員及び債権者の閲覧、又は謄本等の交付請求（有料）に応じなければならないとされています。

(2) **総会の議決**（法50条2号）

権利義務の承継は、水産業協同組合法91条の2第2項が準用する同法50条の規定に基づき、原則として、准組合員を除く総組合員の半数以上が出席した総会において、その議決権の3分の2以上の多数による特別議決を要します。総会の出席充足数及び議決数の割合については、定款でこれらを上回る定めをすることができます。

総会に代わる総代会において権利義務の承継について議決した場合のその後の手続は、Q8を参照してください。

(3) **行政庁に対する認可申請**（法69条2項）

権利義務の承継においても、水産業協同組合法91条の2第2項が準用する同法69条2項の規定に基づき、行政庁の認可を受けなければ、その効力を生じないとされています。

認可の申請は、当該連合会の会員が1人になった日から6か月以内にしなければならないとされています（法91条の2第3項）。

(4) **債権者保護手続**（法69条4項）

出資組合が、権利義務の承継の議決をしたときは、水産業協同組合法91条の2第2項が準用する同法69条4項において準用する同法53条及び54条1項・2項の規定に基づき、出資1口の金額を減少する場合と同様な債権者保護手続を執らなければならないとされています。

手続の内容は、出資1口の金額を減少する場合と同様ですので、Q34の2(1)から(3)までを参照してください。なお、Q34の2の記述中「出資1口の金額を減少」を「権利義務の承継」に、「出資1口の金額を減少の内容」を「権利義務を承継する旨」に、読み替えてください。

(5) **権利義務の承継の登記**（法71条）

会員である連合会又は組合の権利義務の承継は、水産業協同組合法91条の2第2項が準用する同法71条の規定により、主たる事務所の

所在地において、承継後に存続する連合会又は組合（以下「承継存続組合等」という。）については変更の登記を、承継によって消滅する連合会（以下「承継消滅連合会」という。）については解散の登記をすることによって、その効力が生じます。権利義務の承継の登記手続については、Q 70 を参照してください。

(6) 権利義務の承継による被承継人連合会の消滅

権利義務の承継があったときは、被承継人である連合会は、その時に消滅するとされています（法91条の2第4項）。

(7) 承継した権利義務の備置き（法72条の2）

承継存続組合等の理事は、水産業協同組合法91条の2第2項が準用する同法72条の2の規定に基づき、権利義務の承継の登記の日後、遅滞なく、承継消滅連合会の権利義務を承継した事項その他Q 66 の9(1)に掲げる事項を記載し若しくは記録した書面又は電磁的記録を、権利義務の承継の登記の日から6か月間、主たる事務所に備えて置き、当該組合等の組合員等及び債権者の閲覧、又は謄本等の交付請求（有料）に応じなければならないとされています（法72条の2第2項・3項・4項）。

Q70

権利義務の承継の登記手続について、教えてください。

1 登記期間

承継存続組合等が、権利義務の承継（法91条の2、100条5項）をするときは、承継の認可があった日から2週間以内に、主たる事務所の所在地において、承継存続組合等については変更の登記を、承継消滅連合会については解散の登記をしなければなりません（法107条）。主たる事務所の所在地における解散の登記の申請は、承継消滅連合会の主たる事務所の所在地を管轄する登記所の管轄区域内に承継存続組合等の主たる事務所がないときは、その主たる事務所を管轄する登記所を経由しなければなりません（法120条、商登法82条2項）。主たる事務所の所在地における解散の登記の申請と承継による変更の登記は、同時に申請しな

第 10 章　合併・権利義務承継の登記（Q70）

ければなりません（法 120 条、商登法 82 条 3 項）。

　また、承継存続組合等又は承継消滅連合会が従たる事務所を設置する法人であるときは、承継の認可があった日から 3 週間以内に、従たる事務所の所在地においても、上記の登記をしなければなりません（法 112 条本文）。ただし、承継存続組合等についての変更の登記は、①名称、②主たる事務所の所在場所、③従たる事務所（その所在地を管轄する登記所の管轄区域内にあるものに限る。）の所在場所に変更が生じた場合に限り、変更の登記をします（法 112 条ただし書）。この場合、主従一括申請ができます（Q 19 の 1 を参照）。

　なお、これらの期間内に登記することを怠ったときは、50 万円以下の過料に処せられることがあります（法 130 条 1 項 54 号）。

2　申請人

　変更の登記及び解散の登記のいずれも、承継存続組合等を代表する代表理事の 1 人が申請人になります（法 120 条、商登法 82 条 1 項）。

3　添付書類

(1)　権利義務の承継による変更の登記の申請書に添付する書面

　ア　承継認可書（法 120 条、商登法 19 条）

　　　権利義務の承継に関し、行政庁の認可を受けなければならないとされていますので（Q 69 の 2(3)を参照）、この認可を証するために添付します。

　イ　総（代）会議事録

　　　権利義務の承継に関する議決が適正に行われていることを証するために総会議事録を添付します（Q 69 の 2(2)を参照）。なお、総代会において、権利義務の承継に関する承認を議決したときは、定款の規定に従って議決していることを証するために定款をも添付します。

　ウ　出資の総口数及び払込出資総額を証する書面（出資組合の場合。法 116 条 2 項）

　　　変更後の出資の総口数及び払込済出資総額が、下記エの承継消滅連合会の登記事項証明書で明らかでないときは、監事の証明書を添付します。

225

エ　**登記事項証明書**（法 116 条 3 項、115 条 2 項）

　　承継消滅連合会の登記事項証明書を添付します（法 115 条 2 項本文）。登記事項証明書は、その作成後 3 か月以内のものに限られています（法登規則 5 条、商登規則 36 条の 2）。登記事項証明書の請求・取得方法は、Q 27 を参照してください。ただし、承継存続組合等の主たる事務所の所在地を管轄する登記所の管轄区域内に承継消滅連合会の主たる事務所があるときは、添付する必要がありません（法 115 条 2 項ただし書）。

オ　**債権者に対する公告、知れている債権者に対する各別に催告をしたことを証する書面**（出資組合の場合。法 116 条 2 項）

　　公告した官報のほか、知れている債権者に対する催告をした場合は、催告書の写し 1 通に催告した債権者名簿を綴ったものに、代表理事が署名（記名押印）したものを添付します。

　　また、官報（法 53 条 2 項）のほか、定款の規定によって日刊新聞紙又は電子公告により公告をした場合（いわゆる「二重公告」）は、このことが分かる書面（新聞紙又は電子公告調査機関の報告書）を添付します。

　　なお、知れている債権者がいる場合の債権者に対する各別の催告は、整備法の施行により、省略の制度が創設されています（Q 34 の 2 (2)ただし書を参照）。

カ　**異議を述べた債権者に対し弁済等をしたことを証する書面**（出資組合の場合。法 116 条 2 項）

　　債権者の異議申述書のほか、弁済金受領書、担保契約書若しくは信託証書、又は異議債権者を害するおそれがないことの書面として、例えば、組合が異議債権者の債権に係る被担保債権額を有する抵当権設定の登記事項証明書、又は異議債権者の債権額、弁済期、担保の有無、資産状況等を示して代表理事が作成した証明書（Q 36 の⑤を参照）を添付します。

　　異議を述べる債権者がいなかった場合は、登記申請書に「異議を述べた債権者はない。」と記載します。なお、異議がないことの証明は申請人が行うものですので、代理人による申請の場合は、代表理事がその旨を証明した上申書を添付するのが実務上の取扱いで

キ　委任状（法120条、商登法18条）

　　代理人によって登記を申請する場合は、代理権限を証する書面として、申請人の委任状を添付します。

　　なお、議事録等、登記申請書に添付すべき書面が電磁的記録で作成されているときは、当該電磁的記録に記録された情報の内容を記録した電磁的記録（法務省令で定めるものに限る。）を、当該登記申請書に添付しなければなりません（法120条、商登法19条の2）。

(2) **権利義務の承継による解散の登記の申請書に添付する書面**

　　主たる事務所の所在地における権利義務の承継による解散の登記の申請については、登記申請書の添付書面に関する規定は適用されませんので、何らの書面も添付する必要がありません（法120条、商登法82条4項）。

(3) **従たる事務所の所在地において変更の登記を申請する場合**

　　従たる事務所の所在地においてする登記申請書には、主たる事務所の所在地においてした登記を証する書面を添付しなければなりませんが、この書面として登記事項証明書を添付し、この場合には他の書面の添付を要しません（法120条、商登法48条1項）。登記事項証明書は、その作成後3か月以内のものに限られています（法登規則5条、商登規則36条の2）。

　　登記申請の手続はQ26の4を、登記事項証明書の請求・取得方法はQ27を、それぞれ参照してください。

① 登記申請書〈変更の登記〉の作成例

受付番号票貼付欄（注1）

漁業協同組合権利義務の承継による変更登記申請書

1 名　　　　　称　　わかしお漁業協同組合
1 主 た る 事 務 所　　○○県わかしお市美浜町 100 番地 10
1 登 記 の 事 由　　平成○○年○月○日権利義務の承継の手続終
　　　　　　　　　　了（注2）
1 登 記 す べ き 事 項　　○○県荒波市黒潮一丁目1番1号あらなみ漁
　　　　（注3）　　　業協同組合連合会の権利義務を承継し、出資
　　　　　　　　　　の総口数及び払込済みの出資の総額の変更
　　　　　　　　　　（注4）
　　　　　　　　　　　出資の総口数　　○○○万○○○○口
　　　　　　　　　　　払込済出資総額　金○○億○○○○万○○
　　　　　　　　　　　○○円
1 認可書到達の年月日　平成○○年○月○日（注5）
1 添　付　書　類　　承継認可書　　　　　　1通（注6）
　　　　　　　　　　総会議事録　　　　　　2通（注7）
　　　　　　　　　　⎡出資の総口数及び払込出資⎤
　　　　　　　　　　⎣総額を証する書面　　　　⎦1通 ⎦（注8）
　　　　　　　　　　登記事項証明書　　　　1通
　　　　　　　　　　債権者に対する公告、催告を
　　　　　　　　　　したことを証する書面　○通（注9）
　　　　　　　　　　異議債権者に対する弁済を
　　　　　　　　　　証する書面　　　　　　○通（注10）
　　　　　　　　　　⎡異議債権者を害するおそれが⎤
　　　　　　　　　　⎢ないことを証する書面　　　⎥○通 ⎦（注11）
　　　　　　　　　　⎢異議債権者がいないことの　⎥
　　　　　　　　　　⎣上申書　　　　　　　　　　⎦1通 ⎦（注11）

　　　　　　　　　〈以下　略〉（注12）

第 10 章　合併・権利義務承継の登記（Q70）

（注1）提出を受けた登記所の手続に必要な欄として、登記申請書の初葉の最上部に縦の辺の長さ4cm程度の余白を設けるのが、登記実務上の取扱いです。
（注2）権利義務の承継に必要な手続が終了した年月日を記載します。
（注3）本作成例は、登記申請書に直接記載する方法を採った場合です。その他の登記すべき事項の提出方法は、Q18の3を参照してください。
（注4）権利義務の承継に伴い、承継存続組合等の名称・主たる事務所の所在地・従たる事務所の所在地に変更が生じた場合は、この旨及び変更後の登記事項をも記載しなければなりません。また、従たる事務所の所在地においてもその変更の登記をしなければなりません。
（注5）承継認可書が到達した年月日を記載します。
（注6）承継認可書を添付します。なお、承継認可書の写しに「原本に相違がない」旨を記載し、原本とともに提出すると、原本は還付を受けることができます（法登規則5条、商登規則49条）。
（注7）承継存続組合等及び承継消滅連合会の総会議事録を添付します。総会議事録の作成例は、本問の②及び③を参照してください。
（注8）監事が作成する証明書は、Q38の②の作成例を参考に作成してください。
（注9）公告文はQ35の①の、催告書はQ35の②及び③の各作成例を参考に作成してください。この場合、Q35の①の作成例中「出資1口の金額の減少公告」を「権利義務の承継公告」に変更し、同作成例中及びQ35の②の作成例中「当組合（連合会）は、」を削り、「出資1口の金額を〇〇〇円減少し、〇〇〇円と」を「当わかしお漁業協同組合は、あらなみ漁業協同組合連合会の権利義務を承継し、あらなみ漁業協同組合連合会は解散」又は「当あらなみ漁業協同組合連合会は、わかしお漁業協同組合に権利義務を承継して解散」に変更し、Q35の②の作成例中「水産業協同組合法」の次に「第91条の2第2項が準用する同法第69条第4項において準用する同法」を加え、Q35の③の作成例中「出資1口の金額を減少」を「権利義務を承継」に変更してください。
（注10）異議申述書及び受領書は、Q36の③及び④の各作成例を参考に作成してください。この場合、同作成例中「出資1口の金額を減少」を「当わかしお漁業協同組合は、あらなみ漁業協同組合連合会の権利義務を承継し、あらなみ漁業協同組合組合は解散」又は「当あらなみ漁業協同組合連合会は、わかしお漁業協同組合に権利義務を承継して解散」に変更してください。
（注11）異議債権者を害するおそれがないことの証明書はQ36の⑤の、異議を述べた債権者がいないことの上申書はQ36の⑥の各作成例を参考に作成してください。この場合、同作成例中「出資1口の金額を減少」を「当わ

229

かしお漁業協同組合は、あらなみ漁業協同組合連合会の権利義務を承継し、あらなみ漁業協同組合は解散」又は「当あらなみ漁業協同組合連合会は、わかしお漁業協同組合に権利義務を承継して解散」に変更してください。
(注12) Q 25 の①及び（注17）以下、Q 26 の①及び（注 6 ）（注 7 ）を参照してください。

② 総会議事録〈承継消滅連合会〉の作成例

臨 時 総 会 議 事 録

〈中　略〉　Q 67 の④を参照してください。

7　議事の経過要領及びその結果
　　議案　当あらなみ漁業協同組合連合会の権利義務の承継について
　　　議長は、平成○○年○月○日、当連合会の会員が○○県わかしお市美浜町 100 番地 10 わかしお漁業協同組合の 1 人となったので、当連合会の権利義務の全てを会員である同漁業協同組合に承継し、当連合会は解散することについての経緯を説明し、議場に諮ったところ、全員一致の賛成により、可決をした。

　以上をもって、第○回臨時総会の全ての議案について、審議を終了したので、議長は、午前○時○分に閉会の宣言をし、散会した。

　　平成○○年○月○日

　　　　　　あらなみ漁業協同組合連合会第○回臨時総会において
　　　　　　　議事録作成者
　　　　　　　　　代表理事　　　○　　○　　○　　○（注）

(注) Q 67 の④（注）を参照してください。

③ 総会議事録〈承継存続組合等〉の作成例

```
臨 時 総 会 議 事 録
```

〈中　略〉（注）

7　議事の経過要領及びその結果
　　議案　当組合が会員となっているあらなみ漁業協同組合連合会の権利義務の承継の件
　　　議長は、平成○○年○月○日、当組合が会員となっている○○県荒波市黒潮1丁目1番1号あらなみ漁業協同組合連合会の会員は当組合のみとなったので、同連合会の権利義務の全てを当組合が承継し、同連合会は解散することについての経緯を説明し、議場に諮ったところ、満場一致の賛成により、可決をした。

〈以下　略〉（注）

（注） Q67の④を参照してください。

④　登記申請書〈解散の登記〉の作成例

```
┌─────────────────────────────────────────┐
│          受付番号票貼付欄（注1）          │
│                                         │
└─────────────────────────────────────────┘
```

漁業協同組合連合会権利義務の承継による解散登記申請書

1　名　　　　称　　あらなみ漁業協同組合連合会
1　主 た る 事 務 所　○○県荒波市黒潮一丁目1番1号
1　登 記 の 事 由　権利義務の承継による解散
1　登記すべき事項　○○県わかしお市美浜町110番地10わかし
　　　（注2）　　　お漁業協同組合の権利承継により平成○○年
　　　　　　　　　○月○日解散（注3）
1　認可書到達の年月日　平成○○年○月○日
1　添　付　書　類（注4）

〈以下　略〉（注5）

（注1）提出を受けた登記所の手続に必要な欄として、登記申請書の初葉の最上部に縦の辺の長さ4cm程度の余白を設けるのが、登記実務上の取扱いです。
（注2）本作成例は、登記申請書に直接記載する方法を採った場合です。その他の登記すべき事項の提出方法は、Q18の3を参照してください。
（注3）あらなみ漁協連合の解散の日は、主たる事務所の所在地においてしたわかしお漁協の変更の登記の日ですが、登記官がわかしお漁協の変更の登記をしたときに、その変更の登記の日を解散の登記申請書に記載しますので、解散の年月日を記載する必要がありません（法120条、商登法83条2項）。
（注4）主たる事務所の所在地における合併による解散の登記の申請については、登記申請書の添付書面に関する規定は適用されませんので（法120条、商登法82条4項）、何らの書面も添付する必要がありません。
（注5）Q25の①及び（注17）以下、Q26の①及び（注6）（注7）を参照してください。

第11章 解散・清算結了の登記

第1 解散及び清算の手続

Q71

水産業協同組合は、どのような事由によって解散するのですか。

　水産組合のうち、漁協組合、生産組合、加工組合及び共済連合は、次に掲げる事由によって解散し（法68条1項、86条4項、96条5項、100条の8第5項）、漁協連合及び加工連合は、次に掲げる事由のほか、会員がいなくなったことにより解散し（法91条1項、100条5項）、解散後はその清算の目的の範囲内において、清算が結了するまでは存続するものとみなされます（法77条、85条の2、92条5項、96条5項、100条5項、100条の8第5項、会社法476条）。

　以下、本問においては、漁協組合の根拠条文等について説明します。

1　**総会の決議**（法68条1項1号）

　総会において、解散につき特別議決（Q7の2を参照）がされたときは解散しますが、解散の決議は行政庁の認可を受けなければ、その効力を生じないとされています（法68条2項）。

　なお、総代会においては、合併の議決（Q66の4を参照）と同じく、解散の議決もすることはできないとされています（法52条7項・8項、50条2号）。

2　**合併**（法68条1項2号）

　新設合併の場合は（Q67を参照）該当する全ての漁協組合が、吸収合併の場合は（Q68を参照）吸収合併消滅組合が、それぞれ解散しますが、いずれの場合であっても権利義務を承継する漁協組合が存在するので、清算手続をする必要はありません。

3 破産手続開始の決定（法68条1項3号）

破産手続開始の決定がされると漁協組合は解散しますが、裁判所の嘱託によって破産の登記がされますので、漁協組合が自ら解散の登記をする必要はありません（法106条）。

4 存立時期の満了（法68条1項4号）

定款の相対的記載事項である（Q24の2(1)を参照）漁協組合の存立時期が、満了した場合は解散します。

5 行政庁の解散命令（同項5号）

次の場合には、行政庁は当該漁協組合の解散を命じることができるとされていますので（Q13を参照）、この命令があったときは解散します。

(1) 漁協組合が法律の規定に基づいて行うことができる事業以外の事業を行ったとき（法124条の2第1号）

(2) 漁協組合が、正当な理由がないのに成立の日から1年を経過してもなおその事業を開始せず、又は1年以上事業を停止したとき（同条2号）

(3) 漁協組合が法令に違反した場合において、行政庁が改善措置を命じたにもかかわらず、これに従わなかったとき（法124条の2第3号、124条1項）

6 組合員の減少（法68条4項）

漁協組合は、組合員が20人（業種別組合にあっては15人）未満になったことによって解散するとされています。この場合には、漁協組合は遅滞なくその旨を行政庁に届け出なければならないとされています（法68条5項）。

Q72 清算人の選任手続について、説明してください。

漁協組合が解散したときは、清算の手続に入るため（法77条、会社法475条1号）、清算人を選任する必要があります。

清算人の選任手続は、次のとおりとされています。

1 法定清算人

漁協組合が解散したときは、合併及び破産手続開始の決定による解散

の場合を除いては、理事が清算人となるとされています（法74条本文）。この場合、清算人が複数であるため清算人会を設置し、解散前の代表理事が代表清算人となるとされています（法77条、会社法483条4項）。

　清算人は、いつでも、総会の決議によって解任することができ（法77条、会社法479条1項）、清算人会は代表清算人となった者を解職することができるとされています（法77条、会社法489条4項）。

2　総会選任清算人

　総会において、理事以外の者を清算人に選任することができるとされています（法74条ただし書）。選任する清算人の人数は、1人でもよく、複数人を選任したときは清算人会は代表清算人を選定しなければならないとされています（法77条、会社法489条3項）。

　清算人の解任又は代表清算人の解職は、上記1と同じです。

3　裁判所選任清算人

　上記1及び2の規定により清算人となる者がないときは、裁判所は、利害関係人の申立てにより、清算人を選任し（法77条、会社法478条2項）、その清算人の中から代表清算人を定めることができるとされています（法77条、会社法483条5項）。

　重要な事由があるときは、裁判所は、漁協組合の組合員の申立てにより、清算人を解任することができ（法77条、会社法479条2項）、裁判所が代表清算人を定めたときは、清算人会は、代表清算人を選定し、又は解職することができないとされています（法77条、会社法489条5項）。

Q73

清算の手続について、説明してください。

1　清算の手続

　清算人は、①現務の結了、②債権の取立て及び債務の弁済、③残余財産の分配の各職務を行うとされています（法74条の2）。

　清算人は、就職の後、遅滞なく、漁協組合の財産の状況を調査し、財産目録のほか、出資組合にあっては貸借対照表をも作成し、財産処分の方法を定め、これを総会に提出又は提供して、その承認を求めなければ

ならないとされています（法75条1項）。経営管理委員会を置く漁協組合にあっては、この承認を求める前に、経営管理委員会の承認を受けなければならないとされています（同条2項）。

また、清算人は、解散後に遅滞なく、当該漁協組合の債権者に対し、2か月を下らない一定の期間内にその債権を申し出るべき旨を官報に公告するなどの債権者保護手続をしなければならないとされています（法77条、会社法499条1項）。

2　清算の結了

清算人は、清算事務を終了した後、遅滞なく、決算報告書を作成し（法76条1項、法施行規則212条）、これを総会に提出又は提供して、その承認を求めなければならないとされています（法76条1項）。経営管理委員会を置く漁協組合にあっては、この承認を求める前に、経営管理委員会の承認を受けなければならないとされています（同条2項）。

この総会の承認があったときは、漁協組合は消滅し、任務を怠ったことによる清算人の損害賠償の責任は、清算人の職務執行に関する不正行為があった場合を除き、免除されたものとみなすとされています（法76条3項、会社法507条4項）。

第2　解散及び清算人の登記

Q74

解散及び清算人就任の登記手続について、教えてください。

1　登記期間

(1)　解散の登記

水産組合が解散したときは、①合併、②破産手続開始の決定、及び③漁協連合又は加工連合の組合による会員が1人となった場合による解散を除いては、2週間以内に、主たる事務所の所在地において、解散の登記をしなければなりません（法106条）。

上記①の合併による解散の登記及び③の組合による会員が1人と

第 11 章　解散・清算結了の登記（Q74）

なった連合会の解散の登記は水産業協同組合法106条に基づく解散の登記ではなく同法107条に基づくものであり（Q67の1及びQ68の1を参照）、②の破産手続開始の決定による解散は裁判所書記官から破産法（平成16年法律第75号）257条1項に基づき破産手続開始の登記を主たる事務所の所在地を管轄する登記所に嘱託がされます（Q71の3を参照）。また、行政庁の解散命令による解散は（Q71の5を参照）、当該行政庁が解散の登記を嘱託します（法117条2項）。

　なお、解散後においても清算の目的の範囲内で水産組合は存続しますので、当該水産組合が従たる事務所を設置していても、従たる事務所の所在地における登記事項には（Q16を参照）、変更を生じませんので、解散に係る登記についてその管轄登記所への申請は必要ありません。

⑵　清算人就任の登記

　漁協組合等が解散すると、水産業協同組合法上においては代表理事は代表清算人となるなど、登記されている代表理事の地位に変動が生じますので、この登記事項である代表権を有する者（代表理事）の資格（法101条2項7号）等に変更が生じたときは、2週間以内に、主たる事務所の所在地において変更の登記をしなければなりません（法102条1項）。

⑶　解散の登記と清算人就任の登記との同時申請

　解散の登記は、下記2のとおり、水産組合を代表すべき清算人又は代表清算人の1人が申請することとなりますので、このためには清算人が就任する必要があり、この清算人就任の登記と同時に申請することとなります。

　なお、2週間以内に登記することを怠ったときは、50万円以下の過料に処せられることがあります（法130条1項54号）。

2　申請人

　解散の登記及び清算人就任の登記のいずれも、水産組合を代表する清算人又は代表清算人の1人が申請人になります（法120条、商登法71条3項）。

3　添付書類

　上記1⑴のとおり、水産業協同組合法106条に基づき2週間以内に主

たる事務所において解散の登記をしなければならない登記申請書には、解散の事由を証する書面を添付しなければなりません（法117条1項）。

また、清算人の就任の登記申請書には、登記事項の変更を証する書面を添付しなければなりません（法116条1項）。

これらの添付する具体的な書面は、次の解散事由ごとに、次のようになります。

(1) 総会の議決による解散（Q71の1）

　ア　総会議事録

　　解散の議決が適正に行われていることを証するために総会議事録を添付します（Q71の1を参照）。

　イ　**解散認可書**（法120条、商登法19条）

　　解散に関し、行政庁の認可を受けなければならないとされていますので（Q71の1を参照）、この認可を証するために添付します。

　ウ　**清算人の資格を証する書面**（理事以外の者が清算人に選任された場合のみ）

　　解散の登記の申請人である代表清算人が、法定清算人（Q72の1を参照）であるときは、登記記録によって同人が解散前の理事であったことが明らかですので、これを証する書面の添付は必要がありません（法120条、商登法71条3項ただし書）。

　　これ以外の方法により選任した場合のうち、清算人が、総会選任清算人（Q72の2を参照）であるときは清算人選任を決議した総会議事録及び清算人会議事録並びに就任承諾書を、裁判所選任清算人（Q72の3を参照）であるときは清算人選任決定書の謄本を、添付します（法120条、商登法71条3項本文）。

　エ　**委任状**（法120条、商登法18条）

　　代理人によって登記を申請する場合は、代理権限を証する書面として、申請人の委任状を添付します。

　なお、議事録等、登記申請書に添付すべき書面が電磁的記録で作成されているときは、当該電磁的記録に記録された情報の内容を記録した電磁的記録（法務省令で定めるものに限る。）を、当該登記申請書に添付しなければなりません（法120条、商登法19条の2）。

(2) **存立時期の満了による解散**（Q71の4）

存立時期が満了したことは、登記記録によって明らかですので、これを証する書面の添付は必要がありません。

　ア　**清算人の資格を証する書面**（理事以外の者が清算人に選任された場合のみ）

　　　上記(1)ウと同じです。

　イ　**委任状**（法120条、商登法18条）

　　　上記(1)エと同じです。

(3) **組合員の減少による解散**（Q71の6）

　ア　**組合員の減少を証する書面**

　　　漁協組合の組合員が水産業協同組合法68条4項の数未満となり、解散事由の要件に該当することとなった監事の証明書又は組合員名簿を添付します。

　イ　**清算人の資格を証する書面**（理事以外の者が清算人に選任された場合のみ）

　　　上記(1)ウと同じです。

　ウ　**委任状**（法120条、商登法18条）

　　　上記(1)エと同じです。

4　**印鑑の提出**

登記申請書に押印すべき者は、あらかじめ（解散及び清算人就任の登記の申請と同時に）、登記申請書又は委任状に押印する印鑑の印影を登記所に提出しなければなりません（法120条、商登法20条1項・2項）。

印鑑の提出方法等は、Q25の4を参照してください。

① 登記申請書の作成例

受付番号票貼付欄（注1）

漁業協同組合解散及び代表清算人就任登記申請書

1 名　　　　　称　　　わかしお漁業協同組合
1 主 た る 事 務 所　　○○県わかしお市美浜町 100 番地 10
1 登 記 の 事 由　　解散及び代表清算人の就任
1 登 記 す べ き 事 項　　平成○○年○月○日総会の決議により解散
　　　　（注2）　　　　同日代表清算人就任
　　　　　　　　　　　　　○○県わかしお市美浜町 150 番地 15
　　　　　　　　　　　　　代表清算人　海野磯夫
　　　　　　　　　　　⎡○○県しおさい市希望が浜五丁目⎤（注3）
　　　　　　　　　　　｜5番5号　　　　　　　　　　　｜
　　　　　　　　　　　⎣代表清算人　財務清三　　　　　⎦
1 認可書到達の年月日　　平成○○年○月○日（注4）
1 添　付　書　類　　総会議事録　　　　　　1通（注5）
　　　　　　　　　　⎡清算人会議事録　　　　1通⎤（注6）
　　　　　　　　　　⎣就任承諾書　　　　　　1通⎦（注6）
　　　　　　　　　　　解散認可書　　　　　　1通（注7）

　上記のとおり登記の申請をします。

　　平成○○年○月○日

　　　　　　　　○○県わかしお市美浜町 100 番地 10
　　　　　　　　申　請　人　　わかしお漁業協同組合（注8）
　　　　　　　　○○県わかしお市美浜町 150 番地 15
　　　　　　　　代表清算人　　海　野　磯　夫　㊞
　　　　　　　⎡○○県しおさい市希望が浜5丁目5番5号⎤（注3）
　　　　　　　⎣代表清算人　　財　務　清　三　㊞　　⎦

　○○地方法務局　　御中（注9）

第 11 章　解散・清算結了の登記（Q74）

(注1) 提出を受けた登記所の手続に必要な欄として、登記申請書の初葉の最上部に縦の辺の長さ 4 cm 程度の余白を設けるのが、登記実務上の取扱いです。
(注2) 本作成例は、登記申請書に直接記載する方法を採った場合です。その他の登記すべき事項の提出方法は、Q 18 の 3 を参照してください。
(注3) 法定清算人以外の者を清算人として総会において選任し、その代表清算人を清算人会で選定した場合には、このように記載します。
(注4) 解散認可書が到達した年月日を記載します。
(注5) 総会議事録の作成例は、本問の②を参照してください。
(注6) 法定清算人以外の者を清算人として総会において選任し、その代表清算人を清算人会で選定した場合には、このように記載し、これらの書面を添付します。清算人会議事録の作成例は本問の③を、就任承諾書の作成例は本問の④を参照してください。なお、清算人会議事録の記載により、就任を承諾したことが明らかな場合は、登記申請書に「代表清算人の就任承諾書は、清算人会議事録の記載を援用する。」と記載すれば、就任承諾書の添付をする必要がありません。
(注7) 解散認可書を添付します。なお、解散認可書の写しに「原本に相違がない」旨を記載し、原本とともに提出すると、原本は還付を受けることができます（法登規則 5 条、商登規則 49 条）。
(注8) Q 25 の①及び（注 17）以下、Q 26 の①及び（注 6）（注 7）を参照してください。
(注9) 登記所に出向かずに、インターネットを利用したオンラインや郵送によって申請することができます（Q 18 の 2 を参照）。

② 総会議事録の作成例

臨 時 総 会 議 事 録

〈中　略〉（注2）

7　議事の経過要領及びその結果
　　第1号議案　当組合の解散について
　　　　議長は、当組合を解散することについての経緯を説明し、議場に諮ったところ、賛成○○○名、反対○名であり、議決権を有する組合員の3分の2以上の賛成により、水産業協同組合法第50条の規定に基づく可決をした。
　　第2号議案　清算人の選任について
　　　　議長は、当組合の解散に当たり、同法第74条ただし書を適用せず、同項本文に基づき理事が清算人となり、同法第77条において準用する会社法第483条第4項に基づき代表理事が代表清算人となることにつき説明し、議場に諮ったところ、満場一致をもって異議なく、可決した。
　　第2号議案　清算人の選任について（注1）
　　　　議長は、理事が都合により清算人に就任できない理由を述べ、清算人の選任を別途投票により行うことにつき議場に諮ったところ、満場一致をもって賛成され、その結果、次のとおり清算人を選任し、被選任者の全員は、即時その就任を承諾した。
　　　　　清算人　　財　務　清　三
　　　　　　同　　　金　野　整　利

〈以下　略〉（注2）

（注1）法定清算人以外の清算人を総会で選任する場合の作成例です。
（注2）Q 67の④を参照してください。

第11章 解散・清算結了の登記（Q74）

③ 清算人会議事録の作成例

```
                清 算 人 会 議 事 録

1  日      時    平成○○年○月○日午後○時
2  場      所    当組合事務所
3  出席した清算人  全員（財務清三、金野整利）
4  出 席 し た 監 事  全員（海苔黒司、沖　遠洋）

 出席した清算人及び監事の全員一致の決議により、次の者を代表清算人
に選定した。
    代表清算人    財 務 清 三

 以上をもって、全ての議案について、審議を終了し、午前○時○分に閉
会した。

 上記の決議を明確にするため、議長、出席清算人及び監事は、記名押印
する。

    平成○○年○月○日

                    わかしお漁業協同組合清算人会において
                      議長兼代表清算人    財 務 清 三   ㊞
                      清   算   人       金 野 整 利   ㊞
                      監       事        海 苔 黒 司   ㊞
                           同            沖   遠 洋   ㊞
```

④ 就任承諾書の作成例

```
                就 任 承 諾 書

 私は、平成○○年○月○日開催の貴組合の清算人会において、代表清算
人に選任されたので、この就任を承諾します。

    平成○○年○月○日

                    ○○県しおさい市希望が浜５丁目５番５号
                       代表清算人    財 務 清 三   ㊞

 わかしお漁業協同組合　御中
```

243

Q75

清算人を変更したときの登記手続について、教えてください。

1 登記期間

　清算人又は代表清算人が、辞任若しくは死亡し、又は解任若しくは解職（Q72を参照）されたときは、登記事項である代表権を有する者（代表清算人）の氏名及び住所（法101条2項7号）に変更が生じますので、2週間以内に、主たる事務所の所在地において変更の登記をしなければなりません（法102条1項）。

　なお、この期間内に登記することを怠ったときは、50万円以下の過料に処せられることがあります（法130条1項54号）。

2 申請人

　水産組合を代表する変更後の清算人又は代表清算人の1人が申請人になります。

3 添付書類

　清算人又は代表清算人の変更の登記申請書には、その変更を証する書面を添付しなければなりません（法116条1項）。

　具体的な添付書面としては、①辞任の場合は辞任届、②死亡の場合は死亡届、戸籍謄本、死亡診断書等、③解任・解職の場合は、解任を議決した総（代）会議事録、裁判所の解任決定書、代表清算人を解職した清算人会議事録等が該当します。このほか、代理人によって登記を申請する場合には委任状を添付しなければなりません（法120条、商登法18条）。

　なお、議事録等、登記申請書に添付すべき書面が電磁的記録で作成されているときは、当該電磁的記録に記録された情報の内容を記録した電磁的記録（法務省令で定めるものに限る。）を、当該登記申請書に添付しなければなりません（法120条、商登法19条の2）。

第 11 章　解散・清算結了の登記（Q75）

① 登記申請書の作成例

受付番号票貼付欄（注1）

漁業協同組合代表清算人変更登記申請書

1　名　　　称　　わかしお漁業協同組合
1　主たる事務所　○○県わかしお市美浜町100番地10
1　登記の事由　　代表清算人の変更
1　登記すべき事項　平成○○年○月○日代表清算人海野磯夫辞任
　　（注2）　　　　　　　　　　　　　　　　　　［死亡・解任］

　　　　　　　　平成○○年○月○日代表清算人就任
　　　　　　　　　○○県汐見市大磯五丁目50番50号
　　　　　　　　　　代表清算人　磯　釣　良　三
1　添 付 書 類　辞任届　　　　　　　　　1通（注3）
　　　　　　　　［死亡届　　　　　　　　　1通］（注4）
　　　　　　　　（戸籍謄本、死亡診断書等）
　　　　　　　　［総会議事録　　　　　　　1通］（注5）
　　　　　　　　［清算人会議事録　　　　　1通］（注5）
　　　　　　　　代表清算人の就任承諾書は、
　　　　　　　　清算人会議事録の記載を援用する。（注6）

　上記のとおり登記の申請をします。

　　平成○○年○月○日

　　　　○○県わかしお市美浜町100番地10
　　　　　申　請　人　　わかしお漁業協同組合
　　　　　　連絡先の電話番号　○○○－○○○－○○○○（注7）
　　　　　　　担　　当　　○　○　○　○

　　　　○○県汐見市大磯五丁目50番50号
　　　　　代表清算人　磯　釣　良　三　㊞（注8）

　○○地方法務局　御中（注9）

245

(注1）提出を受けた登記所の手続に必要な欄として、登記申請書の初葉の最上部に縦の辺の長さ4cm程度の余白を設けるのが、登記実務上の取扱いです。
(注2）本作成例は、登記申請書に直接記載する方法を採った場合です。その他の登記すべき事項の提出方法は、Q18の3を参照してください。
(注3）辞任届は、Q48のパターンBの③の作成例を参考に作成してください。この場合、同作成例中「代表理事」を「代表清算人」に変更してください。
(注4）代表清算人が死亡したときに添付します（本問の3を参照）。
(注5）総会において清算人を解任・選任し又は辞任者の後任者を選任し、清算人会において代表清算人を解職・選定する場合に添付します。各議事録の作成例は、本問の②及び③を参照してください。
(注6）総会議事録及び清算人会議事録の記載により、清算人及び代表清算人の就任を承諾したことが明らかな場合は、登記申請書に「代表清算人の就任承諾書は、清算人会議事録の記載を援用する。」と記載すれば、就任承諾書の添付をする必要がありません。
(注7）本作成例は、代理人に委任することなく、申請人が自ら申請する場合です。登記申請書に不備がある場合等、登記申請書を提出した登記所の登記官からの連絡のため、記載します。なお、代理人に委任する場合は、代理人の欄に代理人の連絡先の電話番号を記載します（Q25の①を参照）。委任状の作成例は、Q25の⑪を参照され、同作成例中「設立の登記」を「代表清算人の変更の登記」に変更してください。
(注8）代表清算人の印鑑は、「印鑑届書」によって登記所に提出する印鑑を押印します。この印鑑届書には、市区町村長が作成した3か月以内の印鑑証明書を添付しなければなりません（法登規則5条、商登規則9条）。なお、印鑑届書の用紙は登記所にありますが（無料）、法務省のホームページ（http://www.moj.go.jp/ONLINE/COMMERCE/11-2.html）からダウンロードすることもできます。
(注9）登記所に出向かずに、インターネットを利用したオンラインや郵送によって申請することができます（Q18の2を参照）。

② 総会議事録の作成例

臨 時 総 会 議 事 録

1　日　　　　時　　平成○○年○月○日午前○時
2　場　　　　所　　当組合事務所
3　組合員の総数　　○○○名
4　出席した組合員数　○○○名（うち委任状　○○名）
5　出 席 清 算 人　　海野磯夫（議長兼議事録作成者）
　　　　　　　　　　鯨井太平、大潮　満、珊瑚若芽、地引網男
6　出 席 監 事　　海苔黒司、沖　遠洋
7　議長選任の経過
　　定刻に至り、本日の臨時総会は総組合員の過半数を超える出席により、法定数を満たしたので有効に成立した旨を告げ、代表清算人海野磯夫は議長席に着き、直ちに、議案の審議に入る。
8　議事の経過要領及びその結果
　　議案　清算人の選任について
　　　議長は、代表清算人海野磯夫が清算人を辞任したため、その後任として清算人を選任する必要があることを説明し、議場に諮ったところ、満場一致をもって、次の者を清算人に選任し、被選任者は、即時その就任を承諾した。
　　　　清算人　磯　釣　良　三

　以上をもって、第○回臨時総会の全ての議案について、審議を終了したので、議長は、午前○時○分に閉会の宣言をし、散会した。

　平成○○年○月○日

　　　　　　　　わかしお漁業協同組合第○回臨時総会において
　　　　　　　　　議長・清算人　　海　野　磯　夫　㊞**(注)**
　　　　　　　　　清　算　人　　鯨　井　太　平　㊞
　　　　　　　　　　同　　　　　大　潮　　満　㊞
　　　　　　　　　　同　　　　　珊　瑚　若　芽　㊞
　　　　　　　　　　同　　　　　地　引　網　男　㊞
　　　　　　　　　監　　　事　　海　苔　黒　司　㊞
　　　　　　　　　　同　　　　　沖　　遠　洋　㊞

(注) Q25の④（注3）を参照してください。

③ 清算人会議事録の作成例

清 算 人 会 議 事 録

1　日　　　　時　　平成○○年○月○日午後○時
2　場　　　　所　　当組合事務所
3　出席した清算人　　鯨井太平、大潮　満、珊瑚若芽、地引網男、
　　　　　　　　　　磯釣良三
4　出席した監事　　海苔黒司、沖　遠洋

　議長である清算人鯨井太平は、代表清算人を選任する必要がある旨を説明し、次の者を代表清算人に選定したい旨を諮ったところ、出席した清算人及び監事の全員一致の決議により可決し、被選定者は就任を承諾した。
　　　代表清算人　　磯　釣　良　三

　以上をもって、全ての議案について、審議を終了し、午前○時○分に閉会した。

　上記の決議を明確にするため、議長、出席清算人及び監事は、記名押印する。

　　平成○○年○月○日

　　　　　　　　　わかしお漁業協同組合清算人会において
　　　　　　　　　　議長兼清算人　　鯨　井　太　平　㊞
　　　　　　　　　　清　算　人　　　大　潮　　満　㊞
　　　　　　　　　　　同　　　　　　珊　瑚　若　芽　㊞
　　　　　　　　　　　同　　　　　　地　引　網　男　㊞
　　　　　　　　　　　同　　　　　　磯　釣　良　三　㊞
　　　　　　　　　　監　　　事　　　海　苔　黒　司　㊞
　　　　　　　　　　　同　　　　　　沖　　遠　洋　㊞

第3　清算結了の登記

Q76
清算結了の登記手続について、教えてください。

1　登記期間

　水産組合の清算が結了したときは、作成した決算報告書に係る決算報告に対する総（代）会の承認日（Q73の2を参照）から2週間以内に、主たる事務所の所在地において清算結了の登記をしなければなりません（法109条）。また、上記承認日から3週間以内に、従たる事務所の所在地においても、清算結了の登記をしなければなりません（法112条）。

　なお、これらの期間内に登記することを怠ったときは、50万円以下の過料に処せられることがあります（法130条1項54号）。

2　申請人

　水産組合を代表する清算人又は代表清算人の1人が申請人になります。

3　添付書類

　漁協組合の清算結了の登記申請書には、決算報告の承認（法76条1項）を得たことを証する書面を添付しなければなりません（法118条）。

(1)　総（代）会議事録

　　決算報告の承認を得ていることを証するために総会議事録（この付属書面として決算報告書を含む。）を添付します。なお、総代会において承認したときは、総代会を設置していることを証するために定款をも添付します。

(2)　委任状（法120条、商登法18条）

　　代理人によって登記を申請する場合は、代理権限を証する書面として、申請人の委任状を添付します。

　なお、議事録等、登記申請書に添付すべき書面が電磁的記録で作成されているときは、当該電磁的記録に記録された情報の内容を記録した電磁的記録（法務省令で定めるものに限る。）を、当該登記申請書に添付しなければなりません（法120条、商登法19条の2）。

① 登記申請書の作成例

```
┌─────────────────────────────────────────┐
│                                         │
│         受付番号票貼付欄（注1）           │
│                                         │
│                                         │
└─────────────────────────────────────────┘
```

漁業協同組合清算結了登記申請書

1　名　　　称　　わかしお漁業協同組合
1　主たる事務所　○○県わかしお市美浜町 100 番地 10
1　従たる事務所　○○県しおさい市月見町 200 番地 20
　　　（注2）　　管轄登記所　○○地方法務局○○支局
1　登記の事由　　清算結了
1　登記すべき事項　平成○○年○月○日清算結了（注4）
　　　（注3）
1　登記手数料　　金 300 円（注5）
　　　　　　　　　従たる事務所の所在地登記所数　　1庁
1　添 付 書 類　　総会議事録　　　　　　　　　1通（注6）

　上記のとおり登記の申請をします。

　　平成○○年○月○日

　　　　○○県わかしお市美浜町 100 番地 10
　　　　　申　請　人　　わかしお漁業協同組合
　　　　　　連絡先の電話番号　○○○－○○○－○○○○（注7）
　　　　　　担　　当　　　○　○　○　○

　　　　○○県わかしお市美浜町 150 番地 15
　　　　　代表清算人　　海　野　磯　夫　㊞（注8）

　○○地方法務局　御中（注9）

（注1）提出を受けた登記所の手続に必要な欄として、登記申請書の初葉の最上
　　　部に縦の辺の長さ 4 cm 程度の余白を設けるのが、登記実務上の取扱いで

す。
- (注2) 本作成例は、従たる事務所においてする登記を、主従一括申請の方法によって申請する場合です（Q 19 の 1 及び 2 (7)を参照）。
- (注3) 本作成例は、登記申請書に直接記載する方法を採った場合です。その他の登記すべき事項の提出方法は、Q 18 の 3 を参照してください。
- (注4) 登記期間の起算日として、決算報告の承認を得た年月日を記載します（本問の 1 を参照）。
- (注5) 本作成例は、主従一括申請によって申請する場合です（Q 19 の 1 を参照）。この場合には、1 件につき 300 円の手数料を収入印紙で納付します。なお、現在、登記印紙は販売されていませんが、当分の間、登記印紙による納付も認められ、また、収入印紙と登記印紙の併用による納付も可能です。これらの印紙は、未使用の（消印、割り印等をしていない）ものを登記申請書と契印した別紙（印紙貼付台紙）又は登記申請書の余白部分に貼付します。
- (注6) 総会議事録の作成例は、本問の②－1 及び②－2 を参照してください。
- (注7) 本作成例は、代理人に委任することなく、申請人が自ら申請する場合の作成例です。登記申請書に不備がある場合等、登記申請書を提出した登記所の登記官からの連絡のため、記載します。なお、代理人に委任する場合は、代理人の欄に代理人の連絡先の電話番号を記載します（Q 25 の①を参照）。
- (注8) 代表清算人の印鑑は、登記所に提出している印鑑を押印します。
- (注9) 本作成例は、主従一括申請の場合ですので、わかしお漁協の主たる事務所の所在地を管轄する登記所である○○地方法務局宛てに提出します（Q 18 の 1 を参照）。これによらずに、おのおの別個に申請する場合の従たる事務所の所在地においてする登記は、わかしお漁協の従たる事務所を管轄する○○地方法務局○○支局宛てに提出します。登記所に出向かずに、インターネットを利用したオンラインや郵送によって申請することができます（Q 18 の 2 を参照）。

②-1 総会議事録の作成例

臨 時 総 会 議 事 録

〈中　略〉　Q 75 の②を参照してください。

7　議事の経過要領及びその結果
　　議案　決算報告の承認について
　　　議長は、当組合の清算結了に至るまでの経緯を詳細に説明し、別紙「決算報告書」の承認を求めたところ、満場一致をもって、これを承認した。
〈以下　略〉（注）

（注）Q 29 の③を参照してください。

②-2　決算報告書の作成例

決 算 報 告 書

　平成○○年○月○日、第○回臨時総会を招集し、次の事項について承認を受けた。
　1　財産目録及び貸借対照表の承認の件
　1　平成○○年○月○日から同年○月○日までの期間内に取り立てた債権の総額は金○○○円であり、資産の処分その他の行為によって得た収入の額は金○○○○円である。
　1　債務の弁済、清算に係る費用の支払その他の行為による費用の額は、金○○○円である。
　1　残余財産の額は、金○○○円である。
　1　出資一口当たりの分配額を金○○円とし、平成○○年○月○日、残余財産を組合員の持ち口数に応じて分配を完了した。
以上のとおり、清算の結了をしたことを報告します。
　　平成○○年○月○日
　　　　　　わかしお漁業協同組合
　　　　　　代表清算人　　海　野　磯　夫　㊞
　　　　　　清　算　人　　鯨　井　太　平　㊞
　　　　　　　　同　　　　珊　瑚　若　芽　㊞
　　　　　　　　同　　　　大　潮　　　満　㊞
　　　　　　　　同　　　　地　引　網　男　㊞

第 12 章　登記の更正

Q77
登記事項に誤りがある場合の訂正方法について、教えてください。

1　登記の更正
　既に登記した事項について、錯誤により事実と符合しない場合、又は一部の登記事項に遺漏がある場合に、これらを事実と合致した登記に直すことを登記の更正といいます。

2　更正の手続
　登記に錯誤又は遺漏があるときは、当事者は、いつでもその登記の更正を申請することができます（法120条、商登法132条1項）。

　申請人は、当事者として、当該水産組合を代表する理事又は代表理事の1人となります。

　更正の申請書には、氏、名又は住所の更正を除き、錯誤又は遺漏があることを証する書面を添付しなければなりません（法120条、商登法132条2項）。

　ただし、登記に錯誤又は遺漏があることがその登記申請書又は添付書類により明らかであるときは、更正の申請書に錯誤又は遺漏があることを証する書面を添付する必要はありません。この場合には、更正の申請書にその旨を記載しなければなりません（法登規則5条、商登規則98条）。

　なお、登記官が登記の錯誤又は遺漏を発見したときは、遅滞なく登記をした者にその旨を通知します（法120条、商登法133条1項）。

　ただし、登記の錯誤又は遺漏が、登記の申請そのものに誤りがなく、登記官の過誤による場合は、登記官が職権により登記を更正しますが（法120条、商登法133条1項ただし書）、このような場合においても、当事者の申請があればこれにより更正しても差し支えないとする取扱いです。

この登記官の職権による登記の更正は、上記のとおり、登記の申請そのものに誤りがなく、登記官の過誤による場合ですので、例えば、登記申請書に代表理事の氏が「高橋」と記載されているにもかかわらず、「髙橋」が正しいとしてこれに更正することはできませんので（Q15の4を参照）、このような場合には申請人が錯誤を理由として登記の更正を申請することになります。

第12章　登記の更正（Q77）

登記の更正申請書の作成例

```
受付番号票貼付欄（注1）
```

漁業協同組合登記更正申請書

1　名　　　　称　　わかしお漁業協同組合
1　主たる事務所　　○○県わかしお市美浜町100番地10
1　従たる事務所　　○○県しおさい市月見町200番地20
　　　　　　　　　　管轄登記所　○○地方法務局○○支局
1　登記の事由　　　錯誤による更正
1　登記すべき事項　主たる事務所を○○県わかしお市美浜町100
　　（注2）　　　　番地10と更正（注3）
　　　　　　　　　　代表理事の氏名を海野磯夫と更正（注4）
1　添　付　書　類　錯誤があることを証する書面　　1通

　　上記のとおり登記の申請をします。

　　平成○○年○月○日

　　　　　○○県わかしお市美浜町100番地10
　　　　　申　請　人　　わかしお漁業協同組合
　　　　　　連絡先の電話番号　○○○－○○○－○○○○（注5）
　　　　　　　担　　当　　○　○　○　○

　　　　　○○県わかしお市美浜町150番地15
　　　　　代表理事　　海　野　磯　夫　㊞（注6）

　　○○地方法務局（○○支局）　御中（注7）

（注1）提出を受けた登記所の手続に必要な欄として、登記申請書の初葉の最上部に縦の辺の長さ4cm程度の余白を設けるのが、登記実務上の取扱いです。

255

（注２）本作成例は、登記の更正申請書に直接記載する方法を採った場合です。その他の登記すべき事項の提出方法は、Q18の3を参照してください。

（注３）本作成例は、申請人の錯誤により主たる事務所の所在地が「○○県わかしお市御浜町100番地10」と誤って登記されていることを更正する例です。

（注４）本作成例は、申請人の錯誤により代表理事の名が「海野磯雄」と誤って登記されていることを更正する例です。

（注５）本作成例は、代理人に委任することなく、申請人が自ら申請する場合の作成例です。登記申請書に不備がある場合等、登記申請書を提出した登記所の登記官からの連絡のため、記載します。なお、代理人に委任する場合は、代理人の欄に代理人の連絡先の電話番号を記載します（Q25の①を参照）。

（注６）代表理事の印鑑は、登記所に提出している印鑑を押印します。

（注７）主たる事務所の所在場所は従たる事務所における登記事項でもありますので（Q16を参照）、わかしお漁協の従たる事務所の所在地を管轄する登記所である○○地方法務局○○支局にも申請します。登記所に出向かずに、インターネットを利用したオンラインや郵送によって申請することができます（Q18の2を参照）。

執　筆　者

山　中　正　登（やまなか　まさのぶ）

千葉地方法務局法人登記部門　首席登記官
前・東京法務局民事行政部第二法人登記部門　首席登記官
元・山形地方法務局登記部門　首席登記官

Ｑ＆Ａ法人登記の実務　水産業協同組合
定価：本体2,300円(税別)

平成26年1月8日　初版発行

著　者　山　中　正　登

発行者　尾　中　哲　夫

発行所　日 本 加 除 出 版 株 式 会 社

本　　社　郵便番号 171-8516
東京都豊島区南長崎 3 丁目 16 番 6 号
ＴＥＬ　(03)3953-5757（代表）
　　　　(03)3952-5759（編集）
ＦＡＸ　(03)3951-8911
ＵＲＬ　http://www.kajo.co.jp/

営業部　郵便番号 171-8516
東京都豊島区南長崎 3 丁目 16 番 6 号
ＴＥＬ　(03)3953-5642
ＦＡＸ　(03)3953-2061

組版・印刷・製本　㈱アイワード

落丁本・乱丁本は本社でお取替えいたします。
© Masanobu Yamanaka 2014
Printed in Japan
ISBN978-4-8178-4131-5 C2032 ¥2300E

JCOPY　〈(社)出版者著作権管理機構 委託出版物〉

本書を無断で複写複製（電子化を含む）することは、著作権法上の例外を除き、禁じられています。複写される場合は、そのつど事前に(社)出版者著作権管理機構（JCOPY）の許諾を得てください。
また本書を代行業者等の第三者に依頼してスキャンやデジタル化することは、たとえ個人や家庭内での利用であっても一切認められておりません。

〈JCOPY〉　ＨＰ：http://www.jcopy.or.jp/、e-mail：info@jcopy.or.jp
電話：03-3513-6969、FAX：03-3513-6979

**各種登記申請手続の基礎知識を
豊富な書式例と丁寧な解説でフォロー！**

Q&A 法人登記の実務

NPO法人〈新版〉
吉岡誠一 著
2012年7月刊 A5判 328頁 定価3,150円(本体3,000円) ISBN978-4-8178-4000-4
商品番号：49101　略号：法実1

学校法人
吉岡誠一 監修　朝倉保彦 著
2011年10月刊 A5判 196頁 定価1,995円(本体1,900円) ISBN978-4-8178-3951-0
商品番号：49102　略号：法実2

社会福祉法人
山中正登 著
2011年10月刊 A5判 228頁 定価2,310円(本体2,200円) ISBN978-4-8178-3949-7
商品番号：49103　略号：法実3

医療法人
山中正登 著
2011年11月刊 A5判 264頁 定価2,415円(本体2,300円) ISBN978-4-8178-3952-7
商品番号：49104　略号：法実4

農事組合法人
吉岡誠一 著
2012年5月刊 A5判 284頁 定価2,835円(本体2,700円) ISBN978-4-8178-3987-9
商品番号：49105　略号：法実5

農業協同組合
山中正登 著
2013年2月刊 A5判 352頁 定価3,150円(本体3,000円) ISBN978-4-8178-4057-8
商品番号：49106　略号：法実6

事業協同組合
吉岡誠一 著
2013年11月刊 A5判 392頁 定価3,570円(本体3,400円) ISBN978-4-8178-4126-1
商品番号：49107　略号：法実7

水産業協同組合
山中正登 著
2014年1月刊 A5判 272頁 定価2,415円(本体2,300円) ISBN978-4-8178-4131-5
商品番号：49108　略号：法実8

日本加除出版
〒171-8516　東京都豊島区南長崎3丁目16番6号
営業部　TEL(03)3953-5642　FAX(03)3953-2061
http://www.kajo.co.jp/　(定価は5％の消費税込の価格で表示しております。)